JN081011

図 3-4 マアナゴ耳石の薄片法（上）と
Burnt otolith の蛍光観察法（下）
による観察像

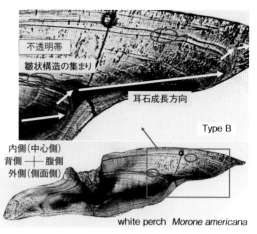

図 3-14 カナダ white perch の耳石薄片

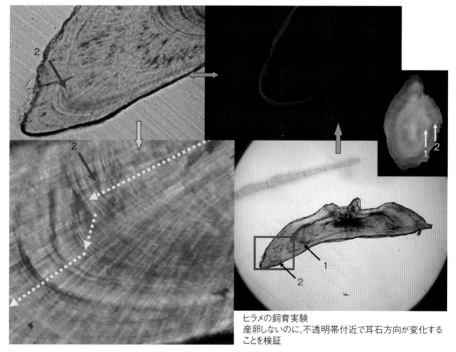

図 3-17 ヒラメ（2+ 歳）の長期飼育実験を行った後の耳石
図中の数字（1，2）は第 1 不透明帯，第 2 不透明帯を示す．満 2 歳時（産卵せず）に ALC 標識を施
した（右上）．第 2 不透明帯（Type B）の付近で，耳石成長方向の変化が観察される（左上，左下）

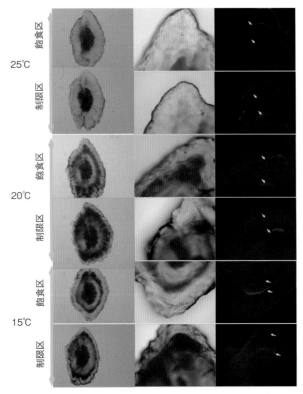

図 3-25　各水温区，投餌区で飼育されたヒラメ種苗（当歳魚）の耳石
　　　　　輪紋（Katayama and Issiki[28] を改変）
　　　　　左列，中央列は，生物顕微鏡（透過光）の観察像．右列は，中
　　　　　央列と同じ部位の蛍光観察像（ALC 染色箇所が赤く見える）．

このあたりの部位が形成されて
いた頃にALC標識を施したが
染色失敗した

500μm

図 3-26　キアンコウの耳石薄片像

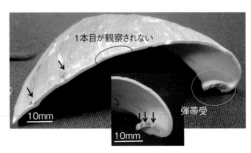

1本目が観察されない

弾帯受

10mm

10mm

図 3-27　ミルクイの貝殻断面を水性ペンで染色した観察例

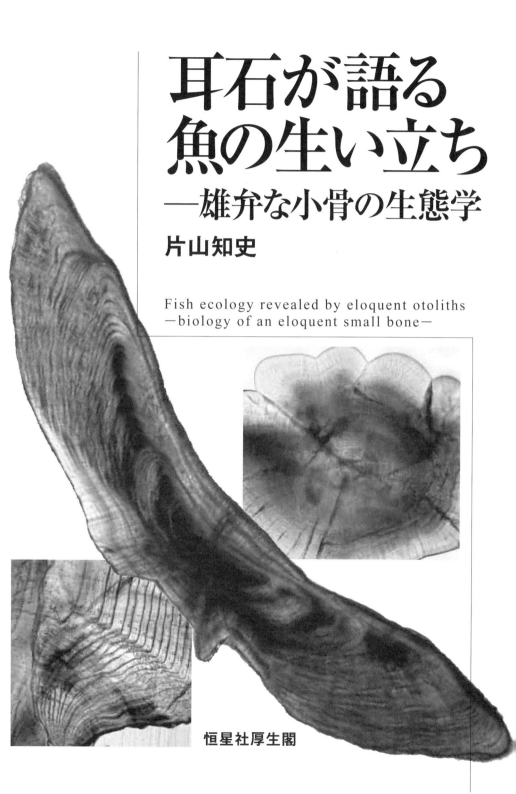

耳石が語る
魚の生い立ち
─雄弁な小骨の生態学

片山知史

Fish ecology revealed by eloquent otoliths
─biology of an eloquent small bone─

恒星社厚生閣

はじめに

　Otolith（耳石）は，ギリシャ語に由来し，oto（ear）+ lithos（stone）で，文字通り耳石である．耳石という言葉も存在も，だいぶ広く知られるようになった．小学生の夏休みの自由研究の材料になることも少なくないようだ．魚種によって多様な形状であることを取りまとめたり，熱心な生徒は年輪構造を観察したりしている．耳石に年輪が形成される．日周輪もあり誕生日がわかる．耳石の微量成分を計測すると，どのようなところで生活をしていたか環境履歴を推定できる．自由研究から先端研究まで，様々な場面でお目にかかる小骨である．

　水産学の分野でも，耳石は必須の調査研究ツールとなっている．「雄弁な小骨」と題した通り，耳石からは実に多くの情報を得ることができる．耳石はその保存性の高さから，分析機器が開発されるたびに，耳石に含まれる物質が計測され新たな情報がもたらされる．一方，最も基本的な情報である年輪についてであるが，実は皆，それが何なのか，その構造や形成要因をよくわからないまま観察しているのが実情である．私も以前はただの縞模様としか捉えていなかった．近年，ようやく耳石に観察される輪紋は何なのか，いくつか類型化することで，徐々に生活年周期のどのような時に，どのような構造が形成され，年輪としての縞（不透明帯という）が観察されるのかが整理されてきたと思われる．

　耳石の研究者は世界中にいるが，4年に一度，毎回200名近くの研究者が一ヵ所に集って，International Otolith Symposium を開催している．すでに6回を数えて，最新の研究成果を紹介している．本書は，そのような最新の耳石を用いた応用研究に加え，耳石輪紋（年輪，日周輪）の構造の見方，多様な耳石形状の整理といった基本的な耳石に関する知見を紹介することを目的としている．まず1章では，魚種によって実に多様な耳石の大きさや形状を紹介する．2章では，生理生態学的に耳石の形成機構と機能を説明する．

3章と4章では，魚類生態学や水産学に広く用いられている耳石の年輪や日周輪の構造と特徴を示す．5章では，近年進展がめざましい耳石に含まれる微量元素の研究事例を基に，今後の耳石研究を展望する．漁業や魚類の調査研究において必須項目となっている，耳石を用いた年齢査定に携わる方々の一助になれば幸いである．

　なお，耳石および資源生態に関する専門用語については，本文中に太字で示し，巻末の「用語説明」において詳述した．海洋学，水産学を学ぶ院生学生は参考にしていただきたい．

2021年1月

片 山 知 史

目　次

1章
耳石の外部形態

1-1. 耳石とは

　耳石（otolith）は，脊椎動物の内耳に存在する硬組織である．魚類は外耳，中耳が無いものの，耳石は脳函の腹側（若干後方）に収まっている三半規管の底部に位置する（図1-1，1-2）．機能的には他の脊椎動物と同様に，聴覚と平衡感覚に関与している三半規管の一部である．耳石は内耳の小嚢，壺嚢と通嚢の3嚢の内壁からの分泌物によって形成される3個の炭酸カルシウム主体の結晶であるが，内耳は頭蓋骨の耳核内に左右1対あるので，魚類1尾の耳石数は合計6個となる．一般に，最も大きい耳石が小嚢にある扁平石（saccular otolith = sagitta），次に大きいのが壺嚢にある星状石（lagenar otolith = asteriscus），最も小さいのが通嚢にある礫石（utricular otolith = lapillus）であり，通常，単に耳石といわれるものは扁平石である（図1-1）．なお，コイ科魚類は，星状石の方が，扁平石より大きい．

　硬骨魚類の耳石は，炭酸カルシウムからなる高度に石灰化した組織（アラゴナイト結晶：アラレ石）で，主に平衡感覚器官として機能している（コイ科魚類等の一部の魚種のみが，聴覚（振動を感受）を有する）．扁平石の組成は96.2％が炭酸カルシウム，3.1％が非コラーゲン性の有機基質（タンパク質），0.7％がミネラル分である[1]．

　脊椎動物の脊柱や付属骨等の内骨格はリン酸カルシウムが主成分である．常に代謝している生きた組織であり，血液中のカルシウムを取り込み骨を作りながら，骨を溶かしながら血液中に放出している．そのバランスが崩れた

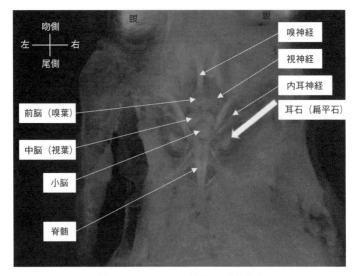

図1-1 シロゲンゲの開頭した頭部背面

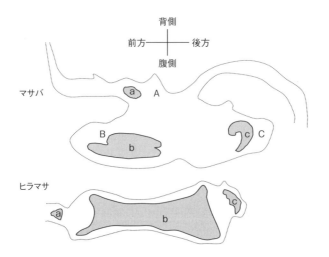

図1-2 マサバ（上），ヒラマサ（下）の三半規管における3種耳石の配置
A：通嚢（utriculus），B：小嚢（succulus），C：壷嚢（lagena），
a：礫石，b：扁平石，c：星状石．

り，カルシウム摂取不足になると，骨粗鬆症<ruby>骨粗鬆症<rt>こつそしょうしょう</rt></ruby>となる．骨の内部は海綿状になっており，外壁の皮質骨が常に骨基質の入れ替え・更新が行われている．過去に形成された部分が残っていないのである．一方，魚類の硬組織（hard tissue）である脊柱，付属骨，鱗，鰭条（棘，軟条），歯，そして耳石は，成長に伴ってサイズを増大させるが，過去に形成された組織が残る（脊柱は中心管が太くなるため，中央部は保存されないと思われる）．その中でも，耳石は大理石と同様のアラゴナイト結晶であり，再吸収されず，極めて保存性が高い．

その保存性の高さから，水産学分野以外の調査研究分野でも多く用いられている．耳石は太古の様子を記録しているタイムカプセルといわれ，考古学や古環境研究でも重要なツールとなっている．貝塚は貝殻の捨て場所というイメージであるが，実は耳石もたくさん埋まっており，当時どのような魚種が食されていたのかがわかる．それだけではなく，遺跡出土の耳石の大きさからその個体の体長および年齢を推定し，各年齢群の生態に基づいて漁期等，生活ぶりも推定できる[2]．また耳石には，生息環境の水温や塩分等の水質が反映される微量元素（安定同位体を含む，5章で詳述）がそのまま保存されているため，それらを測定することで，4000 〜 5000 年前の古代文明期の環境を再現させる研究も取り組まれている．

ちなみに，ヒトの耳石は平衡砂とよばれる多数の小さな砂粒で，ゼラチン様の膜（耳石膜）上に存在し，大きさは 5 〜 10 マイクロメートルである．他の哺乳類や脊椎動物もほぼ同様である．また，軟骨魚類（サメ，エイ，ギンザメ類）も平衡砂を含むコロイド状の塊である．しかし，わが国の軟骨魚類および無顎類（ヤツメウナギ・ヌタウナギ類）を含む魚類（広義）については，耳石の研究例が乏しい．

1-2. 耳石図鑑

国外の魚類を網羅的に扱った研究としては，胃内容物耳石の種判別を目的とした報告[3-6]があり，また耳石化石の種判別を目的とした等の報告[7-12]もあ

3

る．それらの中には，1923 ～ 1929 年のものもあり，戦前から耳石が調べられていたことがわかる．

　一方，耳石の図鑑として南アフリカ周辺海域の 972 魚種を扱った *Otolith Atlas of Southern African Marine Fishes*（1995）[10] は，外部構造を把握できる SEM 画像に加え，個々の魚種について，耳石の大きさから魚体長や体重を推定するために用いるアロメトリー式も記載されている．近年発行された耳石図鑑で最も充実しているのが *Otolith Atlas of Taiwan Fishes*（2012）[13] である．1004 種の鮮明な耳石の写真と分類群ごとに整理された図鑑となっている．日本産魚類では，古生物学の研究者であり耳石収集家の大江文雄氏（元・国立愛知教育大学附属高・教諭）が新生代の地層に現れる耳石化石の種の判別を目的に，日本産現存魚類 421 種の耳石について耳石形態，耳石各部の大きさ等に関する詳細な形態研究を行っている[14]．

　筆者らは，魚種によって変化に富む耳石の形状と大きさの法則性を見出すために，555 魚種の耳石の外部形態の記載と計測結果を示した[15]．本書で紹介する耳石形状を説明する写真は，その論文に用いた画像ファイルを利用している．

1-3. 耳石の形状

　本書では硬骨魚類に絞って，その耳石の形や大きさが魚種によってどのように異なるのか，それらに何か法則性があるのかを解説する．扁平石の主要な部位として前角（rostrum），前上角（antirostrum），欠刻（notch），隆起（crist），溝（sulcus），核（core, cauda）があげられる（図 1-3）．耳石形状（平面形）は実に多様である．基本形として円形，楕円形，線形，三角形，四角形と不定形の 6 形に区分できる（図 1-4）．円形，楕円形と線形の耳石については，細長さを耳石長比（耳石高に対する耳石長の比）の値によって以下のように類別される．

　3 ～　　　　広線形型（elongate type）

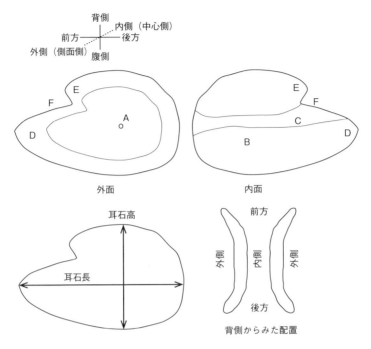

図1-3　耳石の部位名称および計測箇所
A：核, B：隆起, C：溝, D：前角, E：前上角, F：欠刻.

2 〜 3　　　長楕円形型（elliptical type）
1.2 〜 2.0　楕円形型（ellipsoidal type）
0.8 〜 1.2　円形型（orbicular type）
0.5 〜 0.8　縦長楕円形型（tall elliptical type）

　縦長楕円形型は，耳石長より耳石高が大きい楕円形である．
　三角形は三角形型（deltoid type），四角形は正方形型（quadrate type）と
長方形型（rectangular type），不定形は不定形型（indeterminate type）で，
合計 9 類型の区分となる．

5

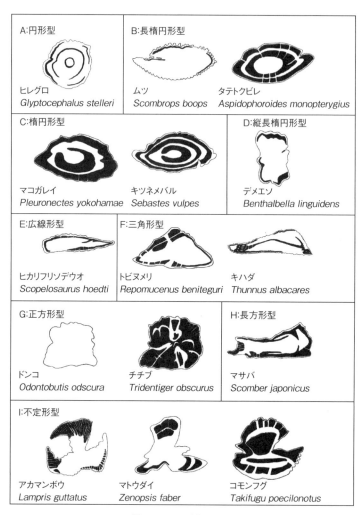

A:円形型

ヒレグロ
Glyptocephalus stelleri

B:長楕円形型

ムツ
Scombrops boops

タテクビレ
Aspidophoroides monopterygius

C:楕円形型

マコガレイ
Pleuronectes yokohamae

キツネメバル
Sebastes vulpes

D:縦長楕円形型

デメエソ
Benthalbella linguidens

E:広線形型

ヒカリフリソデウオ
Scopelosaurus hoedti

F:三角形型

トビヌメリ
Repomucenus beniteguri

キハダ
Thunnus albacares

G:正方形型

ドンコ
Odontobutis odscura

チチブ
Tridentiger obscurus

マサバ
Scomber japonicus

H:長方形型

I:不定形型

アカマンボウ
Lampris guttatus

マトウダイ
Zenopsis faber

コモンフグ
Takifugu poecilonotus

図 1-4　耳石形状の類型

　耳石形状としては楕円形が一般的である．耳石長比が 0.8 ～ 3.0 の楕円形と円形の魚種が，全体の約 83％を占める．ただし，耳石長比が 3 を超える広線形は 16 種に限られている．しかし，それらは，ムネダラ，ギンダラ，

オニカサゴに加え，エソ類，コチ類，カマス類，マグロ類の一部から構成されており，広い分類群にわたっている（図1-5）．耳石長比が0.8以下の縦長の耳石を有する魚種は，マツカサウオとカムチャッカゲンゲだけであるが，耳石長比1.0以下に広げると，ミカドハダカ，アカチョッキクジラウオ，メ

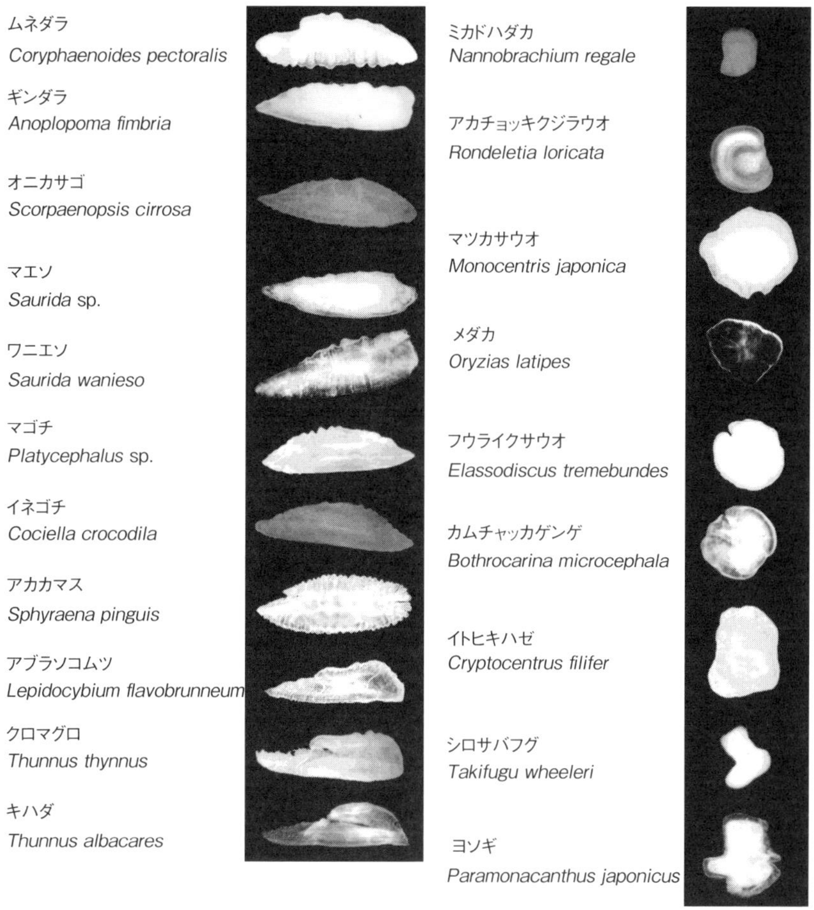

ムネダラ
Coryphaenoides pectoralis

ギンダラ
Anoplopoma fimbria

オニカサゴ
Scorpaenopsis cirrosa

マエソ
Saurida sp.

ワニエソ
Saurida wanieso

マゴチ
Platycephalus sp.

イネゴチ
Cociella crocodila

アカカマス
Sphyraena pinguis

アブラソコムツ
Lepidocybium flavobrunneum

クロマグロ
Thunnus thynnus

キハダ
Thunnus albacares

ミカドハダカ
Nannobrachium regale

アカチョッキクジラウオ
Rondeletia loricata

マツカサウオ
Monocentris japonica

メダカ
Oryzias latipes

フウライクサウオ
Elassodiscus tremebundes

カムチャッカゲンゲ
Bothrocarina microcephala

イトヒキハゼ
Cryptocentrus filifer

シロサバフグ
Takifugu wheeleri

ヨソギ
Paramonacanthus japonicus

図1-5　耳石長比（耳石高に対する耳石長の比）が3以上の広線形型（左列），および1以下の円形型および縦長楕円形型（右列）の耳石

ダカ，フウライクサウオ，イトヒキハゼ，シロサバフグ，ヨソギが加わり9
種となる（図1-5）．なぜか広い分類群に及び，しかもその分類群の中でも
1種のみである．長方形の耳石はマサバ，ゴマサバ，カツオの3種であり，
分類形質として有用である．また不定形の帆船に似た特異な型の耳石形状は
マトウダイ目とフグ目のみに見られる特徴であり，これも分類形質として有
用である．

　耳石形状の類型は複数の分類群に共通しており，系統進化学的な傾向が認
められない．平面形が円形の魚種は，ソコギス科とハゼ科，クサウオ科，ゲ
ンゲ科，ヒラメ科の一部，ゴンズイ，キントキダイ，サンゴタツ，マメハダ
カ等であり，これらのほとんどは底生性魚類である．広線形の魚種はマグロ
類の一部，カマス科，クロタチカマス科，エソ科の一部，といった浮魚（中
深層魚類を含む）に加え，コチ類，ムネダラ，ギンダラが含まれ，底生性魚
類も少なくなかった．同じ底生性であるのに最も丸みがある形状と最も長い
形状のものが存在し，生活型が平面形を規定するとは考えられなかった．し
たがって，耳石形状の類型の系統進化学的な傾向や生活型との関係は認めら
れないものの，頭部が細長いか，縦扁している魚種は耳石長比が大きく，頭
部が丸い魚種は耳石長比が小さい傾向がある．したがって，耳石の大きさや
細長さは，頭部の大きさや形，神経頭蓋の耳殻部の大きさや形に大きく規定
されるものと思われる．

1-4. 耳石の溝

　耳石平面の凸面に存在する溝は耳石外形と同様に，魚種判別の重要要因と
されている．特に耳石化石の研究では，溝の形状から多くの魚類の目，科と
種が判別されている．現存種の耳石の溝については，サバ科魚類[5, 16]，サケ
科魚類[17]，日本産魚類421種[14]，南極周辺海域の魚類120種[18]，スズキ亜
目魚類156種[19]，南アフリカ周辺海域の972種[10]に関する詳細な研究がある．
　後述のように，耳石の溝に聴斑が付着し，小嚢内リンパ液中に耳石を支持
している．聴斑の内部に有毛細胞が存在し，音，重力および魚体の線形加速

に反応する．耳石の機能形態を考える際には，耳石の外形よりも，溝の構造の方が，重要であると考えられる[20-22]．

溝については，以下のように類型化できる（図1-6）．欠刻部から後縁あるいは下縁後部に達するもの（A型），欠刻部から中央後部から後縁付近ま

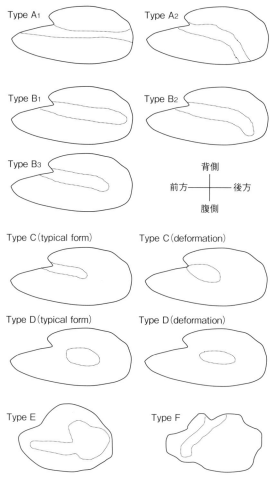

図1-6　耳石溝の類型

で認められるもの（B型），欠刻部から中央付近まで認められるもの（C型）
がある．また，欠刻部から生じずに，耳石の中央部に，楕円，長楕円，広線
形状，不定形状に存在するもの（D型）や，「オタマジャクシ」に似た特殊
な形状を示すもの（E型），不定形のもの（F型）がある．

　A型：ほぼ真直ぐに，あるいは後端がわずかに下方に曲がり，後縁に達す
るもの（A_1型），中央から後部で下方に，あるいは後端が下方に曲がり（ま
たは斜め下方に湾曲して），後縁あるいは下縁後部に達するもの（A_2）のサ
ブタイプに分けられる．A型は全体の10%程度で，サケ目，アジ科，フグ
目にみられる．

　B型：ほぼ真直ぐに，あるいは後端がわずかに下方に曲がり，後縁付近ま
で認められるもの（B_1型），中央から後部で下方に，あるいは溝の後端が下
方に曲がり（または斜め下方に湾曲して），後縁あるいは下縁の後部付近ま
で認められるもの（B_2型），中央後部あるいは中央と後縁の中間付近まで認
められるもの（B_3）の3つのサブタイプに分けられる．B型は，最も一般的
なタイプであり，ほぼすべての分類群にみられ，全体の40%を占める．

　C型：溝の長さがA，B型に比べかなり短く，中央に達しないものもある．
カジカ科，クサウオ科など少ない種に限られる．

　D型：カレイ目，ハゼ科にみられる特徴的な型であるが，これら分類群以
外ではリュウキュウホラアナゴ，ホタテウミヘビ，ヒモアナゴ，インキウオ，
ワヌケフウリュウウオにみられる．

　E型（オタマジャクシ型）：ニベ科に特徴的な型であるが，ギスも同様の
形である．

　F型：不定形であり，チョウザメ，ナマズが上下に延びる溝で，ゴンズイ，
アカチョッキクジラウオ，エビスダイが各々特異な形状を呈している．

　溝の発達度合いと生態的特徴を検討する．溝が十分に発達しているA_1型，
A_2型，B_1型，B_2型と，溝が十分に発達しておらず，後縁，下縁付近まで達
しない（B_3型，C型）もしくは欠刻から生じない（D型）に分けて整理す
ると，前者の十分に発達しているタイプの分類群は，その80%以上の種が
ニシン目，サケ目，タラ目，アイナメ科，ホタルジャコ科，ハタ科，テンジ

クダイ科，アジ科，イサキ科，タイ科，クロタチカマス科，サバ科，フグ目である．後者の十分に発達していないタイプの分類群は，溝が全体的に浅く，不明確のものが多く，その 60% 以上の種がウナギ目，コチ科，フサカサゴ科，カジカ科，クサウオ科，ゲンゲ科，タウエガジ科，ハゼ科，カレイ目である．

　総じて，遊泳性もしくは集群性の強い魚種が多い分類群は溝が発達し，定着性もしくは底生性の強い魚種が多い分類群は溝が発達していない傾向がみられる．ただし，アイナメ科に B_1 が多いことやホウボウ科やベラ科では B_1 型と B_3 型がほぼ半数ずつ出現することなど，この傾向に当てはまらない分類群も多い．メバル属では，生息水深が浅いほど耳石後縁まで達せず中央と後縁の途中で途切れる B_3 型が多い．したがって溝の類型や発達度合いは，分類学上の特徴に加え生活型との関係が示唆される．次章で詳しく解説するが，耳石は聴覚や平衡感覚といった複数の機能を有しており，Platt and Popper[20] が指摘するように，溝の多様な形と大きさは，多様な機能と関連付けて理解する必要があると考えられる．

1-5.　分類群ごとの耳石外部形態の特徴

　耳石の形状と溝は，分類群ごとにある程度の特徴があるが，特徴的な耳石形状を有する分類群については以下のようにまとめられる（図 1-7）．なお側面形状については，図 1-3（右下）のように外側に反っていることを反り状と記載している．

　ニシン目：形状は似ており（長）楕円形，溝は B 型であるがカタクチイ
　　ワシだけに，耳石下縁に鋸歯状突起が並ぶ．

　コイ科：星状石の方が扁平石よりも大きく，鍵状（棒状）の特異な形状．

　サバヒー科：三角形の特異な形状．

　ギス科：溝がオタマジャクシ状（ニベ科も同様の特徴）．

　サケ科：溝がイワナ属だけが B 型で，他は A 型．

　タラ目：チゴダラ科が不定形，タラ科が長楕円形，ソコダラ科が楕円形．

　アシロ目：ヨロイイタチウオはシオイタチウオと異なり，外縁に小型の鋸

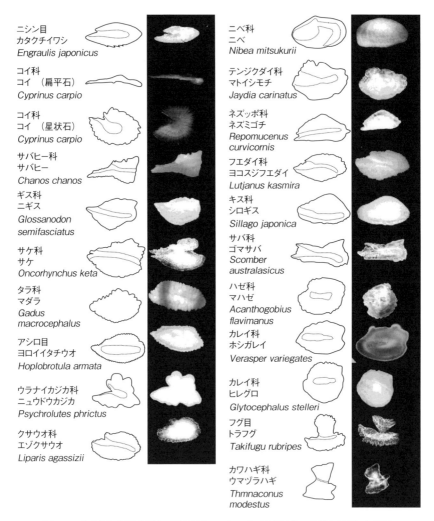

図1-7　代表的な分類群魚種の耳石表面のスケッチ（点線は溝の位置を示す）と写真

　歯状突起を有する.

　ウラナイカジカ科：不定形で縁辺部に顕著な波状起伏.

　クサウオ科：ほぼ円形.

ニベ科：側面形が突出隆起型. 溝がオタマジャクシ状（ギス科と同様の特徴）.

テンジクダイ科：溝がB型であるが，オタマジャクシ型に近い. 相対耳石サイズ（1-6で後述）が著しく大きい.

ネズッポ科：下縁が底辺の三角形.

フエダイ科，タカサゴ科，イサキ科，フエフキダイ科：強い反り状.

シロギス（キス科），アカタチ科：外側に肥厚状の隆起を有する.

サバ科：後縁が底辺の長三角形か長方形で，溝の隆起が発達.

ハゼ科，カレイ目：溝が中央部付近だけで欠刻に達しないD型.

カレイ科：ほとんどが楕円形だが，ヒレグロのみが円形，カラスガレイ属のみが不定形.

カワハギ科：飛鳥に似た不定形.

フグ科：帆船および鏡餅に似た不定形.

また，複数の分類群にわたる特徴的な耳石形状を有する魚種については，以下のようにまとめられる.

ゲンロクダイ（チョウチョウウオ科），タカノハダイ，ユウダチタカノハ（タカノハダイ科）：側面の上下縁が外側に曲がる反り状.

アカチョッキクジラウオ（アンコウイワシ科），マツカサウオ（マツカサウオ科），メダカ（メダカ科），シラウオ（シラウオ科），デメエソ（デメエソ科），ミカドハダカ（ハダカイワシ科），カムチャッカゲンゲ（ゲンゲ科）とイトヒキハゼ（ハゼ科）：平面形が縦長楕円形.

アカマンボウ（アカマンボウ科），クサビウロコエソ（ハダカエソ科），マトウダイ科およびカワハギ科：平面形が翼を広げた鳥にやや似た不定形.

1-6. 耳石の大きさ

　一般的に耳石の大きさは，活動性の高い魚種は小さく，底魚類は大きい[25]といわれる. おそらく，カツオ・マグロ類は体長の割には耳石が小さく，カ

レイ類やタラ類の耳石がカツオ・マグロ類より大きいことから，そのような印象に結びついたと思われる．

　日本産硬骨魚類の耳石の外部形態に関する研究[18]に用いられた 555 魚種について，計測した魚体と耳石の全データを整理しているが，魚種ごとの平均全長に対する平均耳石長の関係をみると，全長が大きい魚種ほど耳石が大きいわけではないことがわかる（図 1-8 下段）．耳石長が 15 mm を超える大型の耳石を持つ魚種は，全長 500 〜 1000 mm の範囲であり，全長が 1000 mm（1 m）を超える大型魚でも耳石長は 1 〜 15 mm である．カジキ類は吻

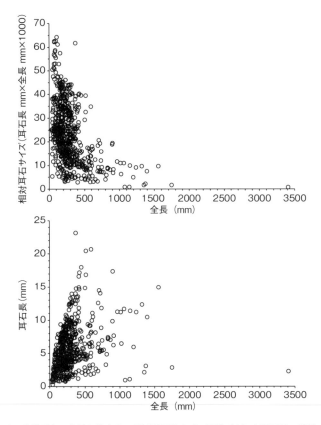

図1-8　魚種ごとの全長に対する，相対耳石サイズの関係（上）と耳石長の関係（下）

を含めた全長とはいえ，耳石は小さく，2 mm 程度である．耳石の大きさを相対サイズ（耳石長／全長×1000）として検討する（図1-8上段）．相対サイズが50，すなわち全長の5％を超える耳石をもつ魚種は全体の3％しか存在しない．60以上の種はエビスダイ，マツカサウオ，キンカジカ，テンジクダイ，マトイシモチである．全体として，全長の大きな魚種ほど相対サイズが小さくなる．全長が500 mm以上で相対耳石サイズも20以上の魚種は，イバラヒゲ，スズキ，ワニエソ，オオサガ以外にはみられない．全長が1000 mmを超える魚種は，相対耳石サイズが20未満，すなわち全長の2％より小さいのである．

　分類群ごとに平均相対耳石サイズを比べると，最も大きいのはテンジクダイ科，次いでホタルジャコ科，最も小さいのはフグ目，次いでウナギ目であり，系統進化学的な傾向は認められない．相対サイズが小さい分類群は上記のフグ目，ウナギ目に加え，アイナメ科，クサウオ科，ゲンゲ科，サバ科といったものである．また，ダツ目トビウオ科の魚種の相対耳石サイズがほぼすべて30以上であり，他のダツ目の魚種に比べて明らかに大きい．

　全長の大きな魚種ほど相対サイズが小さくなる傾向は種内でも同様である．マアナゴ，スズキ，ヒラメ，キツネメバルで個体ごとの全長と相対耳石サイズを調べたところ，いずれの種でも，全長が大きくなると相対耳石サイズが小さくなっていた（図1-9）．同じように個体ごとの耳石高に対する耳石長の比（耳石長比），すなわち細長さをプロットしたところ，マアナゴでは全長が大きくなるほど耳石長比が小さくなった．一方，スズキでは徐々に大きくなり，スズキの耳石は成長に伴い細長くなることが示された．ヒラメやキツネメバルはほとんど変化せず，魚種によって耳石形状の変化の仕方は異なることがわかった．

　種レベルで，相対耳石サイズが5以下の小型の魚種と50以上の大型の魚種を列記すると，小型の魚種は，ソコギス科の2種（クロソコギス，キツネソコギス），ニホンウナギ，ホラアナゴ，クズアナゴ，ホタテウミヘビ，アカマンボウ，サケガシラ，ホウライエソ，ミズウオ，アカヤガラ，ヨウジウオ，ホテイウオ，シイラ，イレズミコンニャクウオ，カジキ科，メカジキ科，

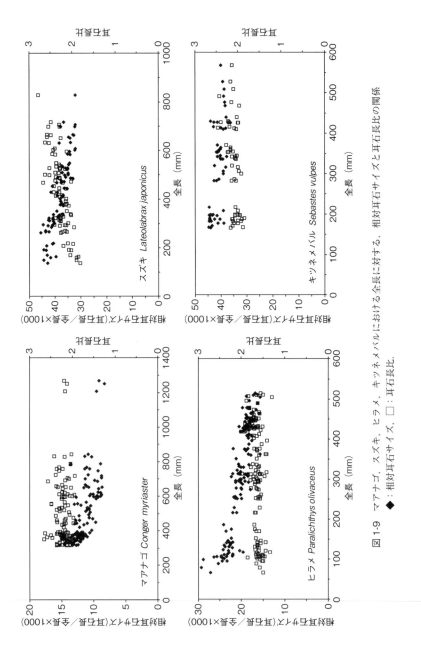

図 1-9　マアナゴ、スズキ、ヒラメ、キツネメバルにおける全長に対する、相対耳石サイズと耳石長比の関係
◆：相対耳石サイズ、□：耳石長比.

ヒガンフグ，クロサバフグ，シロサバフグ，トラフグ，ネズミフグであり，
体型が紡錘形，ウナギ型の魚種，もしくはカジキ類，フグ類に多い．一方，
相対耳石サイズの大きい魚種は，イズカサゴ，ワニゴチ，テンジクダイ科，
エビスダイ，マツカサウオ，キンカジカ，フサカサゴ，ホタルジャコ科，イ
ボダイ，ハナビヌメリ，コモチジャコであり，頭部が全長に対して相対的に
大きな魚種が多い．したがって，相対耳石サイズは，沿岸性，外洋性，底生
性，遊泳性といったグループ分けや生活型では解釈しきれず，頭部の大きさ
や分類群ごとの特性によるものと考えられる．

　ただし，近縁種で相対耳石サイズと耳石長比が明確に異なっている例が少
なくない（図 1-10）．ヒイラギ科のヒイラギとオキヒイラギを比べると，ヒ
イラギの方が耳石は小型で，細長く，溝も後縁まで達している．スズメダイ

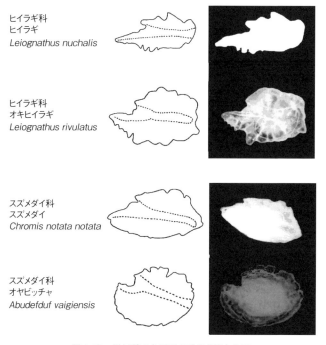

ヒイラギ科
ヒイラギ
Leiognathus nuchalis

ヒイラギ科
オキヒイラギ
Leiognathus rivulatus

スズメダイ科
スズメダイ
Chromis notata notata

スズメダイ科
オヤビッチャ
Abudefduf vaigiensis

図 1-10　近縁種でも耳石の形状が異なる例

科のスズメダイとオヤビッチャを比べると，スズメダイの耳石の方が小型で，細長く，溝も後縁まで達していない．ヒイラギ，オヤビッチャは比較的全長が大きいことや，オキヒイラギやスズメダイの方が沖側に生息するといった違いがあるものの，それらが耳石の大きさや形状を規定しているとは判断できない．内耳の形態学的な検討が必要であろう．

1 耳石研究を加速させた3つの本 ——————— *column*

1. *Ageing of fish*[1]

　1973 年 に University of Reading, England で 開 催 さ れ た International Symposium on the Ageing of Fish のプロシーディングスである．Some considerations of the scientific basis of age determination, Mechanical aids to age determination, Elimination of errors in age determination, Some sources of age reading errors, The effects of error in age determination on subsequent studies と
いう章立てである．年輪観察を客観的に行い，それを成長解析に結びつける過程で生じる誤差をどのように扱うかが主題になっている．また Pannella 氏が，耳石における微細構造の SEM 像およびその観察の仕方を非常に詳しく報告しており，耳石日周輪を用いた研究に道を開いた本であるといえる．

図　耳石研究を加速させた3つの本

2. *Recent Developments in Fish Otolith Research*[2]

　本書でも触れた国際耳石シンポジウムの記念すべき第1回（South Carolina, 1993 年）のプロシーディングスである．Otolith growth and morphology, Estimation of fish growth, Otoliths in studies of populations, Otolith composition という章立てである．基本的な耳石観察に画像解析手法を加える研究や，平衡石，脊椎骨を用いた成長解析，

耳石日周輪を用いた成長生残など，耳石を用いた多様な応用研究レポートが掲載されている．耳石の微量元素に関する先進的な研究例も紹介されており，微量元素を用いた生活履歴研究が広く行われるきっかけとなった本である．なお，日本からは塚本勝巳先生が Use of otolith-tagging in a stock enhancement program for masu salmon (*Oncorhynchus masou*) in the Kaji River, Japan を発表しており，これを機に，日本でも耳石応用研究が進展していくことになった．

3. *Manual of Fish Sclerochronology*[3]

　欧州の国際耳石シンポジウム常連研究者が中心になって編纂した，魚類の硬組織を用いた生活履歴解析のマニュアルである．Types of calcified structures, Sclerochronological studies, Validation and verification methods, Some uses of individual age data, Computer-assisted age estimation, Otolith microchemistery という章立てである．鱗や脊椎骨の扱い方も掲載されているが，耳石が中心である．おそらく耳石のマニュアル本はこれだけである．耳石の処理方法の動画が収録された DVD も付録されている．内容としては，日々進展している耳石微量元素を用いた研究について，体系的にレヴューしていることが特筆である．本書でも多く引用している．

文献

（1）Bagenal T.B. (ed.) (1974) Ageing of Fish: proceedings of an international symposium. Unwin Brothers Limited, London, pp. 234.

（2）Secor D.H., Dean J.M., Campana S.E. (eds.) (1995) Recent Developments in Fish Otolith Research. The Belle W. Baruch Library in Marine Science Number 19, University of South Carolina Press, Columbia, 1995. pp. 735.

（3）Panfili J., Pontual H., Troadec H., Wright P.J. (eds.) (2002) Manual of Fish Sclerochronology. Ifremer-IRD coedition, Brest, Paris, pp. 463.

2 章
耳石の形成機構と機能

2-1. 構造・配置

　先に述べた通り魚類には外耳と中耳がなく，内耳（inner ear）のみであるが，そこにある三半規管（3つの管と嚢で構成される）が聴覚，平衡感覚を司っている．ヌタウナギやヤツメウナギ等の無顎類では，各々1管，2管しかない．左右，三半規管の底部には，3つの嚢があり，各々に扁平石，星状石，礫石が収まっている．

　陸生脊椎動物では，空気の振動を鼓膜の振動として受信し，鼓膜の振動を中耳を介して内耳の聴覚部分に伝える．魚類は体表にあたった音波などが耳石・聴斑に伝わって感知される．なお，コイ目，ナマズ目等の魚類では，鰾（うきぶくろ）が接続するウェーバー器官（前から結骨，アブミ骨，キヌタ骨，ツチ骨が連結）を介して，小嚢に繋がっていて，音波の伝搬を担っている．つまり，鰾が受けた圧力波はウェーバー器官に伝わり，さらにリンパ液に満たされた無対洞，横行管を通って左右の内耳の小嚢に伝達される．これによって小嚢内の耳石が振動し，小嚢斑が刺激され，鰾が受けた圧力波が知覚される．ニシン科魚類では，骨ではなく盲嚢が鰾と小嚢を仲介している．

　扁平石が内包される小嚢内は内リンパ液で満たされている（図2-1上段）．耳石は耳石膜とよばれるゲル状の物質を介して感覚上皮に付着する．簡単に示すと，小嚢，壺嚢，通嚢に聴斑という感覚組織があり，感覚上皮，耳石膜を介して耳石を支持し，耳石を内リンパ液に浮かせている構造である．平衡石では凸側（内側）の溝に，聴斑が付着している．その小嚢内の聴斑の形状

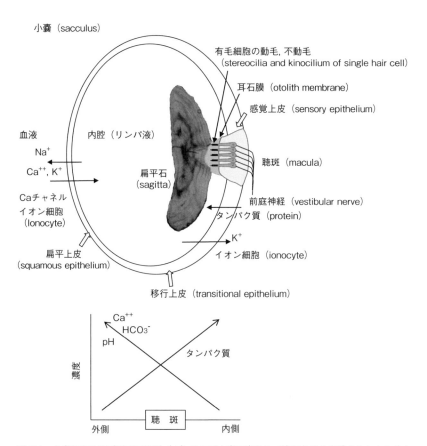

図 2-1　小嚢における扁平石の配置（上）および小嚢の内リンパ液における炭酸カルシウムイオ
　　　　ン濃度，pH，タンパク質濃度の傾斜（下）

は，種によって多様であることが知られている[1,2].

耳石膜はゲル状である．聴斑の内部には内耳有毛細胞が存在し，リンパ液の振動，重力および魚体の線形加速が耳石を振動，移動させ，有毛細胞の感覚毛（動毛，不動毛）の変形により感知する（図2-2）．内耳有毛細胞には反応の方向性があり，位置する場所によってその方向が異なる，すなわち極性が強いとされる．軟骨魚類，硬骨魚類の有毛細胞の方向性について，Ladich and Schulz-Mirbach[3]がまとめているが，多様でありつつ法則性も見てとれる．扁平石については，溝の前方は水平方向，後方は鉛直方向に反応する魚種が多い（図2-3）．星状石では，主に鉛直方向ではあるが，前方と後方で上下の方向が異なっている．三半規管というと，各々が前後，左右，上下の動きに対応して三次元配置というイメージがあるが，機能的には，そのような別々の役割分担ではない.

このように耳石溝の形状や大きさは，聴覚や平衡感覚といった機能に関連すると想起される．溝の面積については，タラ目魚類において体長の増加に伴って耳石面積に対する割合が大きくなることが報告されているものの[4,5]，耳石溝の形状や大きさの研究報告はほとんどない．しかし，耳石の機能形態を考えた場合，個体発達に伴う溝の変化や，魚種間比較研究は重要であると思われる.

図2-2　聴斑（図2-1）の有毛細胞

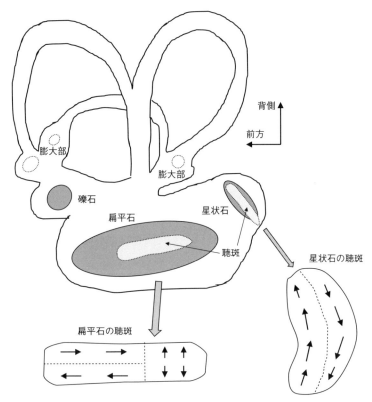

図 2-3　三半規管における耳石（扁平石，星状石）の溝付近に付着する聴斑
聴斑に記されている矢印は，有毛細胞が感知する主な方向を示す．

2-2. 扁平石の形成機構

扁平石について，炭酸カルシウムが沈着するメカニズムを概説する．まず
は，扁平石が収まる小嚢の内リンパ液にカルシウムイオンが十分な量存在し
ている必要がある（図 2-1 上段）．小嚢を包む小嚢膜において，**受容体依存
性の Ca チャネル**を介して，血中の Ca が小嚢膜の細胞内に流入，Ca^{2+}
-ATPase が機能的に関与し，耳石側の内リンパ液にくみ出される[6]．その
内リンパ液の中での耳石の形成，すなわち結晶成長（析出）は，溶液（内リ

24

ンパ液）の過飽和度に依存する．当瀬・都木[7]は，ニジマスの内リンパ液を調べたところ，pH7.9，カルシウムイオン，炭酸イオン濃度ともに過飽和状態で，また昼夜でほとんど変化せず，内リンパ液は常に結晶が析出できることを明らかにした．すなわちアラゴナイト結晶が成長できる状態であることを示した．極端なストレス下では，過飽和度が1を下回り，逆に耳石が溶出する．pHも析出・溶解を左右する重要な条件である．内リンパ液の中で，内側（耳石に近い側）と外側で，炭酸塩と糖タンパク質の濃度に傾斜があり，炭酸塩は外側で，糖タンパク質が内側で濃度が高い（図2-1下段）．耳石の有機基質は主に2種類の糖タンパク質からなり，これらが鋳型となって耳石へのカルシウムの沈着が起こる．これらの片方の糖タンパク質の分泌に日周性があり，夜間に分泌活性が高いことが報告されている[8]．このように，内リンパ液への糖タンパク質や炭酸カルシウム塩の流入には日周性があり，耳石日周輪の形成に関与する．

　耳石日周輪（日輪 daily increments, primary increments, daily discontinuities）とは，耳石核の外側にほぼ同心円状に1日に1本形成される微細構造である（図2-4）．光学顕微鏡（透過光）によって，その見え方で光の透過性が高く明るく見える明帯（L-zone）と，暗く見える暗帯（D-zone）が交互に形成される．暗帯は酸によるエッチング処理によって溶解されやすく，電子顕微鏡による観察でも暗く見える[9,10]．

明帯，暗帯の形成機構については，麦谷[6]にまとめられているので，要約して紹介する．

　明帯は炭酸カルシウムの針状結晶がよく発達しており，成長層ともよばれる．カルシウムに富み，有機基質が少ない輪紋であるとされる．一方暗帯は，不連続層とよばれ，針状結晶が途切れ，カルシウムが比較的少な

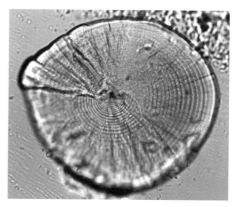

図2-4　耳石日周輪の例（カタクチイワシ）

い．微細輪紋の形成周期は光周期に同調し，カルシウム沈着量は16時に最大となり，22時に最小となった．逆に，有機基質のグルタミン酸の取り込みは22時に最大になった．これが日中の明帯，夜間の暗帯の形成となり，1日1本形成される日周輪が形成されることになる．このように周期性をもちながら，明帯，暗帯を形成しながら，耳石は成長していく．

3章
耳石の年輪

3-1. 魚の年齢を知る意義

　その生物が何歳でどのくらいの体長になるのか，何歳で成長が停滞するのか，雌雄で差異があるのかといった成長様式は，陸上の生物ならば，毎年その生物の大きさを計測することで，把握することができる．しかし海の生物の多くは，移動回遊を行うため，一定期間ごとに個体の大きさを測るのは困難である．固着性の生物でも，潜水して計測しなければならない．容易ではない．しかし，もし生物の体に，年齢を示すような器官や構造があれば，個体ごとに年齢を調べることができ，その体長と年齢の関係から成長様式を知ることができる．

　木には年輪があり，神社の神木がいつ誰に植えられたという解説を目にした方も少なくないだろう（図3-1）．木の年輪は，四季に伴う樹木の成長年周期性の表れであり，非常に明瞭で正確な年齢表示構造である．木の断面を見れば，南北方向がわかるし，年による成長の良し悪しも評価することができる．環境の季節性と幹のセルロースの保存性からもたらされると理解される．

　樹木以外に年輪が明瞭なのは二枚貝である．アサリ，ホタテガイ，ホッキガイ等の貝殻をみると，比較的明瞭な不連続構造＝年輪が観察される．文字通り貝塚から出土する二枚貝の貝殻から，過去の生活様式を調べる研究は多い．巻貝はどうであろう．不明瞭ではあるが，種によっては，アワビ類の貝殻，ツブ類の蓋や平衡石にも年輪構造がある（3-10で後述）．

　実は哺乳類でも年齢表示部位が存在する．鯨類の耳垢栓である．ヒゲクジ

図 3-1　木の年輪
　　　　神戸の生田神社の御神木で，約 500 年の年輪がある，と記載されている．

ラ類外耳道の「耳あか」に相当する耳垢栓には，季節的に成長層が形成され，それを計数することで年齢を推定することができる．海洋生物で鯨類は最も資源管理が必要とされており，年齢情報は必須である．捕鯨にかかわる国際機関や日本鯨類研究所でも，耳垢栓を用いた年齢査定作業が行われている．

　一部の脊椎動物については，骨の**皮質骨**や，歯の年輪構造が報告されている[1-4]．なお Dammers[5] が，生物全般の硬組織における輪紋構造（年輪，日輪）の研究の歴史を，魚類においては，Menon[6] が年輪研究のレビューをしている．それらには，耳石年輪の研究は 1904 年の Thomson に始まり，1920 年代に進展したと解説されている．

　水産学において，資源生物の年齢と体長の関係（例：図 3-2），すなわち成長に関する生態情報は必須である．年齢がわかればその組成を調べること

28

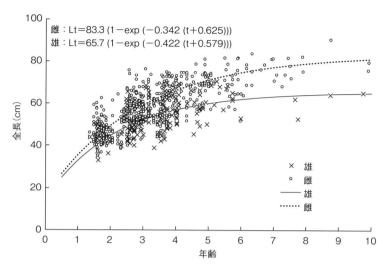

図 3-2　年齢と体長の関係の解析例
千葉県沿岸に生息するヒラメ雌雄の年齢体長関係と成長曲線 (田中ら[7]を改変).

で，どの年に生まれた群（年級群）が多いか，どのような環境の時にその資源は増えるのか減るのかを解析することができる．年齢組成から推定される年級豊度（年級群の個体数）のデータは，資源学の基本である．

　加えて，年齢と体長の関係に基づく成長様式を知ることも極めて重要である．生物の成長様式は，孵化後何年でどの程度の体長・体重になるか，何歳で成熟・産卵するのか，雌雄で違いがあるのか，寿命は何歳なのかという，生活史全体の理解の中心課題である．加えて，資源管理の方策を検討する際にも不可欠となる．海洋生物の資源管理は，漁獲量を高位安定させるために，漁業活動を調節することである．いいかえれば，乱獲を避ける工夫を施しつつ，最も効率的で継続的な漁獲を行うことである．

　乱獲（overfishing）とは，資源の再生産や成長の能力を越えて漁獲を行うことであり，以下の2種類に分けられる[8]．

　①成長乱獲（growth overfishing）：若齢もしくは小型の個体への漁獲および強い漁獲圧によって，個体成長に伴って増えるはずの資源量が増加せずに

逆に減少してしまう状態.

　②加入乱獲（recruitment overfishing）：漁獲により，以後の加入量を著しく減少させるような水準にまで産卵親魚量を取り減らした状態.

　資源管理の方策を簡単にまとめれば，①成長乱獲を避けるための資源管理は，小型魚保護，②加入乱獲を避けるためには，産卵親魚量の確保がその方策となる．小型魚保護のためには，個体数の減耗（生残）と成長（体重の増加）の兼ね合いで，何歳・何センチから漁獲を始めれば最大の漁獲量を得ることができるかが計算できる．産卵親魚量の確保のためには，産卵に関与する成熟年齢以降の雌資源重量をどの程度確保すれば，翌年の最大の加入量を得ることができるかが計算できる．生活史の理解のみならず，漁獲量の高位安定のためにも，年齢・成長関係の情報は極めて重要なのである.

3-2.　耳石を用いた年齢査定

　魚には年輪が形成される年齢形質（ageing character）が体の様々な部位に見られる．例えば，耳石，鱗，脊椎骨，棘（鰭条），鰓蓋骨である．鱗はサバ類，サケ科，マイワシ，コイ・フナ類，ボラ，脊椎骨はアンコウ・キアンコウ，鰭条・棘はコイ・フナ類，ナマズ類，鰓蓋骨はウグイ・マルタ，カラシン類で用いられている．しかし，これらは生体時における再吸収が生じる組織である．また鱗については，剥がれた鱗が再生する再生鱗もしばしばみられるため，年齢形質としての弱点がある．したがって，保存性の高さにおいて，また年輪構造の安定的な形成において耳石は群を抜いて優れた年齢形質であるといえる.

　耳石の年輪とは，扁平石に形成される1年に1本形成される輪紋構造である．耳石を水等に浸漬し背景を暗くして実体顕微鏡（落射光）で観察すると，明るく白く見える不透明帯（opaque zone），背景の暗さが透けて見えるため暗く見える透明帯（translucent zone，以前は hyaline zone ともいわれていた）の2つの部分があることがわかる．光学顕微鏡（透過光）では逆に，透明帯は光の透過性が高く明るく見え，不透明帯は暗く見える.

　私が学生の頃は，表面観察法（そのまま水，アルコール，キシレン，グリセリン等に浸漬して，背景を暗くして落射光で観察する方法）で，なんとなく明るく見える，暗く見える縞模様を数える方法が一般的だった（図3-3）．私が耳石の観察を始めたのは，卒論でイカナゴ，修論でワカサギにおいてであったが，やはり表面観察法であった．しかし，実は観察基準もなかったし，12ヵ月の単位がどこなのか，年輪径を測る部位（不透明帯の内側？外側？）はどこなのかも，調査員，研究員によってまちまちだった．

　そのうちわが国でも，耳石を樹脂に包埋して，薄片を作って生物顕微鏡（透過光）で観察する薄片法が広まり，表面観察法の明暗の帯の詳細や，明帯・暗帯以外の構造が観察されるようになった．2000年前後から，私も薄片法による観察を始めた．当時は年齢がわからなかったマアナゴの年齢査定に取り組んだ．東北区水産研究所の諸先輩方から薄片法を教わって観察を始めたが，うまく輪紋を計数することができなかった．そこで試行錯誤を重ねつつ，マアナゴ耳石の不明瞭だった不透明帯を可視化するために，耳石を熱処理してから薄片にして，蛍光顕微鏡で観察する方法（Burnt otolith UV 観

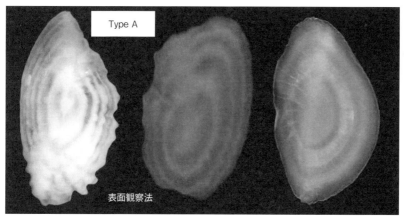

図3-3　表面観察法で観察される透明帯，不透明帯（エゾメバル，マコガレイ，シロギス：Type A の不透明帯については3-4で後述）

察法）を開発することができた（図 3-4：口絵）[9].

　その手法を他の魚種にも応用して，その年輪観察における有用性を 2002 年秋に，横浜で開催された水産学会の国際シンポで発表した[10]. そこで興味をもってくださったのが，カナダの J. M. Casselman 博士であった．その時にはまったく知らなかったのだが，Casselman 博士は耳石年輪の観察およびその定量的な表記・解析の第一人者であり，今や世界で耳石研究を先導する S. E. Campana 博士の師匠であった．私はその数ヵ月後（2002 年 12 月）に，文部科学省「研究開発動向調査」の機会を得て，Casselman 博士のオンタリオ州立グレノラ研究所に 1 ヵ月滞在し，耳石の年齢査定を手伝った．オンタリオ湖の white perch という魚の耳石を何千個体観察したのだが，明らかにこれまでの透明帯・不透明帯とは異なる構造を「不透明帯」として計数していた．それは，冬季の成長停滞期（産卵期の少し前）の炭酸カルシウム結晶の不連続な雛のような構造であった（図 3-5）．それまで不透明帯は，後述の Type A の不透明帯で説明するように，有機基質に富む「成長の良い時」に形成されるとされていた．生活年周期の中で，まったく時期の異なる

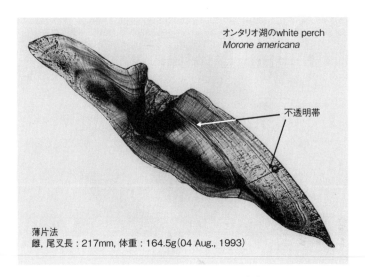

図 3-5　カナダ white perch の耳石薄片

ものを同じ「不透明帯」とよんでいる状況に気がついた．実はカナダで観察
した不透明帯は，表面観察法で観察される不透明帯と異なるものであったの
である．このことがきっかけとなり，耳石の年輪に対する見方・考え方が変
わった．耳石研究のターニングポイントだったと思っている．

　この理解のうえに，自分なりの観察基準を得て，いろいろな魚種の年齢査
定に携わるようになった．そのような時に，JICAの事業でコスタリカに出向
き，数種の年齢査定を行った．ナショナル大学（UNA）プンタレナス海洋生
物研究所（EBM）における約2週間の滞在であったが，薄片を作ってもい
ずれの不透明帯も観察されなかった．せっかく旅費を出してもらって地球の
裏側に来たのに，何も成果がないのは避けたく，最初の1週間は一日中顕微
鏡を覗いた．数日後，ようやくpargo manchaという魚種の耳石に，ある構
造を発見した．耳石成長方向の変化である（図3-6）．この構造変化は，3-4
で詳述するが，未成魚であっても年周期の産卵期前に生じる変化であり，不
透明帯や透明帯が不明瞭であっても，その有無によって判別が可能になった．

図3-6　コスタリカpargo manchaの耳石薄片

33

3-3. 耳石年輪観察の薄片法

　表面観察法と薄片法による観察像を比較すると，表面観察法でも容易に年齢を査定できる個体も少なくない（図3-3）．しかし，高齢になると耳石が厚くなり，輪紋が見にくくなること，また高齢時は成長速度が遅く，輪紋の間隔が狭くなり不明瞭になる種が多くみられる．そこで高齢魚や耳石が厚い魚種でも年輪構造を観察するために，耳石を薄くスライスして，生物顕微鏡（透過光）で観察する方法が薄片法である．

　とはいっても，耳石は炭酸カルシウムのアラゴナイト結晶でできており，きわめて硬い．樹脂に包埋してから，硬組織切断機というダイヤモンドソーを用いる必要がある．図3-7は，工作用粘土に耳石（マアナゴ）を並べて，

図3-7　耳石薄片を作製する手順

ポリエステル樹脂で包埋し，硬組織切断機（ゼーゲミクロトーム，ライカ社製 Leica SP1600）で薄片を作るプロセスを紹介したものである．一度の作業で，数十個体の薄片を得ることができるため，大量のデータを得る必要がある水産資源研究者には，ありがたい機械である．耳石の各部分を通る薄片を得る必要があるが，連続して数枚を作れば，大小の耳石が混在していても，十分対応できる．通常は，耳石中央部を通る 0.1 ～ 0.2 mm の横断切片（背腹方向）を作製する．スライドグラスにステッキワックスで貼付し，耐水紙やすりを用いて表面を研磨し，数十マイクロメートルの薄片を得る．研磨後に 0.2 N の塩酸で 30 ～ 60 秒のエッチング処理を施すと，不透明帯の微細な構造が観察しやすくなる．

　薄片法によって，大きく厚い耳石の年輪も観察することができるようになった．図 3-8，3-9 は，スズキ，シロメバル，クロダイの高齢魚の耳石である．明瞭な不透明帯が観察され，各々 20+，17+，21+ 歳と査定された．身近な沿岸魚類も比較的高齢になることがわかる．大学生と同い年というのも，何か奇妙な感じがする．

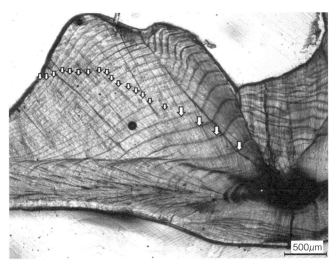

女川湾のスズキ 全長：89cm，20歳
図 3-8　スズキ高齢魚の耳石

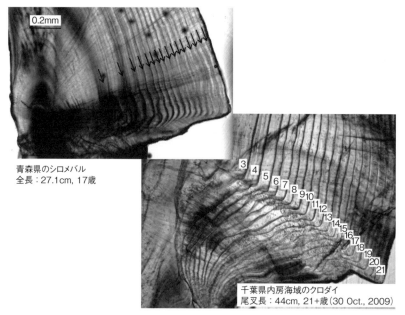

青森県のシロメバル
全長：27.1cm, 17歳

千葉県内房海域のクロダイ
尾叉長：44cm, 21+歳 (30 Oct., 2009)

図3-9　シロメバル，クロダイ高齢魚の耳石

3-4.　4種類の不透明帯

　年齢は，1年に1度形成される年齢表示構造を計数することで査定される．
透明帯，不透明帯を数えるのである．しかし，生活年周期の中で，どのタイ
ミングで透明帯，不透明帯が形成されるのかがわからないと，単純に数える
だけでは査定できない．上述のように，伝統的な表面観察法で見られる不透
明帯と，薄片法で観察された不透明帯が，生活年周期の異なる時期に形成さ
れるまったく異質な構造だとすると，ますます混乱することになる．私は，
さらに多くの魚種の耳石の微細な構造を観察し続け，年齢査定に用いられる
不透明帯について，構造的および生物学的な特徴をもとに，4種類に分類し
た．

　Type A：耳石中心部および若齢時の主に体成長の良い時に形成される不透明度の濃い帯

　図3-10はイカナゴの耳石の表面観察法と薄片法の観察像である．いずれの像でも濃い不透明帯がみられる（矢印）．図3-3の表面観察法で観察される明瞭な不透明帯もType Aである．

　このType Aは，表面観察法で観察し得る「古典的な」不透明帯であり，形成機構の研究も数こそ少ないが行われてきた．麦谷[11, 12]は，軟X線の観察結果をもとに，透明帯の石灰化度が不透明帯に比べて高く，有機基質が少ないことを明らかにした．そして，透明帯では細いラメラが疎に並び，不透明帯では太いラメラが密に配列していることが，光の透過度に関与していると推察している．また，無機（結晶の析出と成長），有機（結晶核誘起と結

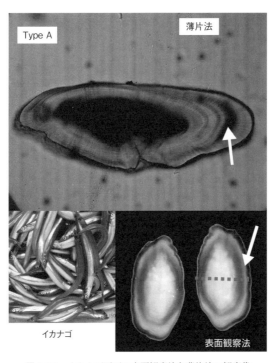

図3-10　イカナゴ耳石の表面観察法と薄片法の観察像

晶成長抑制）代謝のバランスが，透明帯，不透明帯を左右しているとして，成長の速い条件下では小型の結晶が多数形成され，格子欠陥（結晶において配列のパターンが乱れたり不純物が混じった状態）の割合が高くなることで，光を乱反射しやすくなり，不透明帯として観察されると説明している．生活年周期の中で成長の良い季節に形成されることと符合する．

　Type B：複数の皺状構造の集まりが構成され，成長停滞期を中心に形成

　図3-11 のクロダイの耳石は表面観察法では年輪が観察できていないが，薄片にすると細い不透明帯が明瞭に観察される．図3-8，3-9 の高齢魚と同じ構造である．

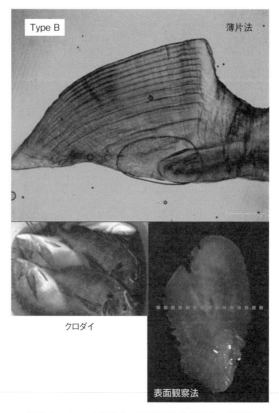

図3-11　クロダイ耳石の表面観察法と薄片法の観察像

38

　薄片を詳細に観察すると，この不透明帯は耳石の結晶が不連続になっており，複数の皺状構造の集まりが構成されていることがわかる（図3-11）．電子顕微鏡（SEM）でその構造をさらに細かくして観察すると，結晶が不連続になっていることがよくわかる（図3-12）．このメイタガレイの耳石の結晶をよく見ると，耳石の形状がType B の不透明帯の周辺で変化していることがわかる．図3-13のヒラメでも図3-14（口絵）の white perch でも同様である．Type B の多くは不透明帯の内縁で，耳石成長方向が変化するという特徴がある．

　ここで話を戻すと，前述のコスタリカの pargo mancha（図3-6）ではこの耳石成長の変化が観察されていたのである．具体的にその変化を述べると不透明帯の内縁（透明帯と不透明帯の境界付近）では，それまで耳石は伸長していたが肥厚する方向に成長する．そして，再度伸長する方向に変化し不

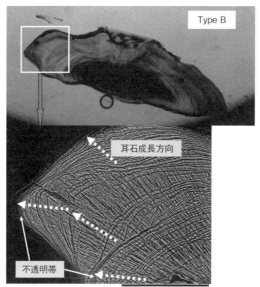

TM-1000　2006/12/26 13:30 L ×400 200μm

メイタガレイ, 雌, 全長：241mm(21 Nov., 2005)

図3-12　メイタガレイの耳石薄片の光学顕微鏡観察像（上）および電子顕微鏡観察像（下）

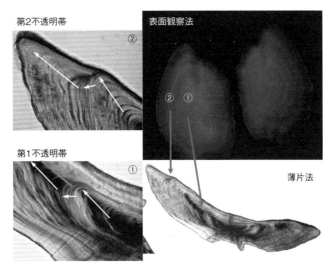

図3-13　ヒラメ耳石の不透明帯

透明帯が形成されているのである（図3-15）.

　この不透明帯の形成前後の伸長から肥厚へ, 肥厚から伸長へ耳石成長方向が変化することについて, 中央水産研究所・横須賀庁舎でヒラメの長期飼育実験を行い, どのような季節に変化が生じるかを調べた（図3-16）. ヒラメ種苗を, 野外の流水水槽で粗放的に飼育し, 孵化後ほぼ2年間経過したヒラメ（1+歳, 全長約28 cm）に, ALC（アリザリンコンプレクソン）染色を施した. 時期は2月で, 産卵期の1～2ヵ月前に当たる. このALC染色は, 染料に生体のまま浸漬し内部骨格を染めるというものである. 一定期間経過後にその内部骨格を観察すると, 染色マークが染色を施した時（月日）に形成された部分であるため, その時の骨格の構造や大きさ, また取り上げまでの構造の変化や増加量を知ることができる.

　今回は, ALC染色の半年後に取り上げて, 耳石の構造を観察した. なお染色後の3～4月はヒラメの産卵期であるが, 飼育下でこの個体による産卵は認められなかった（天然海域の個体では, 産卵したかどうかを外観から判断するのは困難であるが, 飼育下では放卵放精を日々観察することで判断で

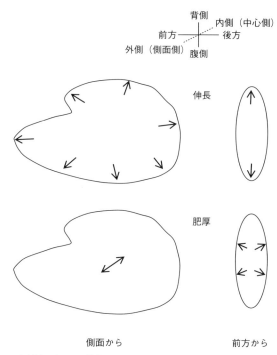

図 3-15　耳石を側面および前方から見た場合の，成長方向（伸長と肥厚）の模式図

図 3-16　ヒラメの飼育実験の時系列

きる．通常，太平洋中部海域のヒラメは，2 歳で約半数の個体が成熟産卵する）．孵化後 2 年半経った個体であるが，表面観察法では，第 2 不透明帯（2+ 歳時，具体的には孵化後約 24 ヵ月から約 28 ヵ月までの間に形成される）が不明瞭である．薄片法では，淡いながらも耳石成長方向の変化を伴う第 2

不透明帯が観察される（図 3-17：口絵）．ALC のマークが確認されるその
すぐ外側に耳石成長方向が肥厚側に曲がって，その方向が伸長側に再び変化
するあたりに不透明帯が形成されていることがわかる．したがって，産卵す
る，しないにかかわらず，産卵期に対応して耳石の成長方向が変化している
ことが明らかとなり，この構造の特徴が生活年周期に応じた年齢表示構造と
して利用可能であることが示された．

　Type B の形成や耳石成長方向の変化は，産卵する，しないにかかわらず，
産卵期に形成される構造であるということは，これらは産卵マークではなく，
孵化後 12 ヵ月ごとの生理生態学的な変化であるといえる．新年度に入り，
ギアを入れ替えるようなことが魚類の年周期内に生じているのかもしれない．
実は，魚類においては得られたエネルギーを体成長か生殖器官のどちらの発
達に向けるか（トレードオフといえる）も，ギアが入れ替わるように変化す
る．成熟年齢・成熟体長に達した後は成長が停滞すること，明瞭な生活年周
期が存在することはその証左である．

　Type C：結晶構造の明瞭な変化を伴わない墨彩状の帯
　図 3-18 はマアジ，アカアマダイ，イサキ等にみられる構造である．Type
B の不透明帯の中間に形成される．この構造についての生態学的な解釈はま
だできていない．

　Type D：主に産卵期に形成される深い溝のチェック構造
　図 3-19 は耳石には，Type B よりも明瞭な結晶の不連続な構造が観察され，
それをチェック構造とよんでいる．産卵など生活史イベントの際や大きなス
トレスで形成される．この構造は，エッチング処理で深く侵食されるので，
生物顕微鏡の透過光によって，光って見えるようになるため，年輪観察にお
いて容易に査定ができる．

　これら 4 型は生活史の中で異なる時期に形成される輪紋であり，薄片法に
よって構造の詳細を観察して年齢査定を行う必要がある．

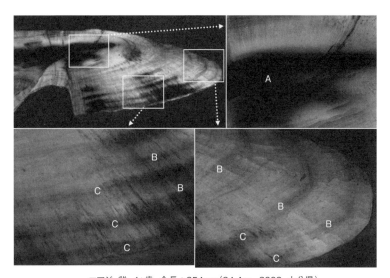

マアジ, 雌, 4+歳, 全長：354mm(24 Apr., 2008, 大分県)

図3-18　マアジの耳石薄片の光学顕微鏡観察像
Type A, B, C の不透明帯が観察される.

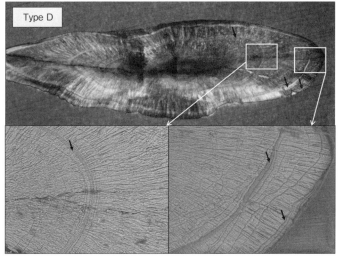

イヌノシタ, 全長：253mm(Aug., 2000, 香川県)

図3-19　イヌノシタの耳石薄片の光学顕微鏡観察像（上）および電子顕微鏡観察像（下）
矢印は Type D の不透明帯を示す.

43

3-5.　過去の体長を知る

　木の場合，内側から数えて，何歳の時に幹の径が何センチだったのか，直接的に把握することができ，それをつなげれば正確に成長履歴がわかる．せっかく魚の耳石の年輪が明瞭に観察され，保存されているのだから，過去の体長，成長履歴を推定することはできないのか．図3-20に，その方法の模式図を示した．まず耳石の年輪の径を測る．通常は，12ヵ月の単位（産卵期・孵化時期）が不透明帯の内側である．そして，その種の耳石のサイズの関係がわかっていれば，各年齢時の体長を逆算することができる．この方法を計算体長を求めるBack-caliculation法という．ただし，耳石のサイズの関係が，図に示したような直線的ではない場合もあり，当てはめる回帰式としてアロメトリー式や多項式，対数式等を用いる必要がある．また耳石長は，同じ体長の個体でも異なることが普通であり，その回帰式をその個体の体長

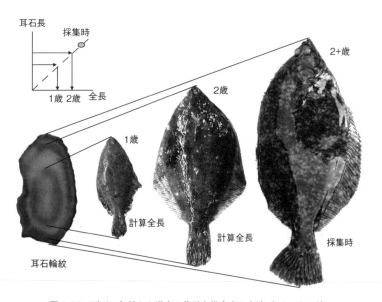

図3-20　耳石の年齢から過去の体長を推定する方法（マコガレイ）

と耳石長に合わせる工夫も必要になってくる.

　年齢査定や計算体長を求める際，基本的には**異体類**とナマズ類の一部を除けば左右相同である[13]ので，左右どちらの扁平石を用いても問題ない．異体類の場合は，もともと有眼側に存在していた耳石（背側：ヒラメなら左目，カレイなら右目）の核部分が後方（尾側）にずれている（図3-21）．なお，カタクチイワシ耳石を左右間で比較したところ，成長速度の遅い個体ほど，左右の耳石が非対称になることが報告されており[14]，興味深い.

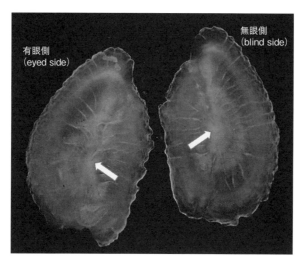

図3-21　異体類（ヒラメ）の耳石表面観察像
左：有眼側，右：無眼側．矢印は核を示す.

3-6.　一般化できるのか

　耳石の輪紋（透明帯，不透明帯）の形成は，アラゴナイト結晶のサイズと厚さ[15]，有機基質の密度と耳石成長速度[16]，有機基質と炭酸カルシウムの比[17-20]，微量元素量（elemental ratios）[18, 21-23]によって生じるといわれる．また水温，貧酸素ストレス，塩分，食物条件も輪紋形成要因であり，変態時

や産卵期にもチェック構造や輪紋が形成される[13, 24, 25]．

　輪紋形成の季節に関しては，筆者が調べた温帯域を中心とした海域の魚種では，産卵期（冬季〜春季）にType B，Type D，成長の良い季節（春季〜夏季）にType Aが形成されるというパターンが多かった．Beckman and Wilson[26]は，文献調査を行い，世界各水域の耳石年輪（不透明帯）形成時期を整理した．北部温帯域では3〜5月に不透明帯が形成される魚種が多いことが示され，筆者が示したパターンと一致する．しかし，熱帯域，南部温帯域は，ほぼ正反対で3〜5月は透明帯が形成される魚種が多い．一方，亜極域では5〜9月に不透明帯が形成される．この論文[26]で扱われている耳石不透明帯がどのタイプの不透明帯なのかを追跡することはできないが，可能ならば，熱帯，亜熱帯，そして寒帯に生息する魚類耳石を観察し，透明帯，不透明帯（各々のタイプ）が同じ構造なのかどうか．そしてそれらがどのような環境，季節，生活年周期で形成されるのかを解析してみたいと思っている．回遊魚ではなく，沿岸性魚類や底魚で，赤道域から極域に分布する同一種は存在しない（と思われる）が，同属の魚種の耳石を比較することで，耳石輪紋形成機構の解明に，一歩近づくであろう．

3-7.　水温と輪紋

　私は，交互に形成される透明帯と不透明帯（Type A）と水温との関係に注目している．図3-22は，日本列島の各水域に生息するワカサギの表面観察像である．この像で観察される不透明帯は，Type Aである．また透明帯は，夏季に形成されることがわかっている．4月頃に孵化し，夏に透明帯が，冬に再び不透明帯が形成されるので，これらはすべて当歳魚（その年生まれ）である．水域によって輪紋が大きく異なっていることがわかる（形状も多少異なっているが）．青森県・小川原湖の降海回遊個体（4-3で後述）や八戸沖，および北海道・網走湖のワカサギは透明帯が不明瞭である．逆に網走湖を除く湖沼のワカサギは透明帯が明瞭である．夏季の高水温が透明帯の形成要因であることが推察される[27]．

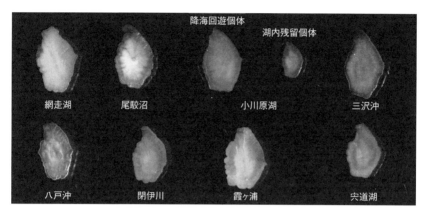

図3-22 日本各水域におけるワカサギ耳石の表面観察像

また，ワカサギに限らず，いろいろな魚種の耳石を観察していると，耳石中央不透明部の大きさが個体によって大きく異なっていることに気がつく．図3-23は同じ日に採集されたマコガレイ1+歳の耳石表面観察像である．中央不透明部の大きさが，左側で1 mm強，右側で3 mm弱と明らかに異

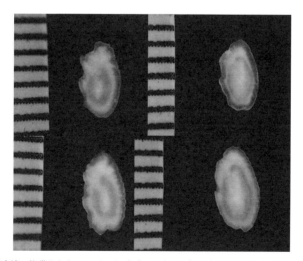

図3-23 東京湾で漁獲されたマコガレイ（1+）の耳石中央不透明部の大きさが異なる例（目盛は1 mm）（2007年12月18日，船橋）

なっている．以前からその個体差を不思議に思っていたが，孵化時期なのか，成長差なのか，はっきりしていない．いずれにしても，ある水温に達すると不透明部が透明帯に移行すると考えられる．

　水温と輪紋の関係について，ヒラメの種苗を用いて 2005 年に，今は無き中央水産研究所横須賀庁舎（荒崎）において飼育実験を行った．実は当初，この実験を行う予定はなく，同僚から「実験用のヒラメの種苗が余ったんだけど，いる？」といわれ，ならばちょっとやってみようと始めた実験である．国の研究所も独法化され，必要な研究のみが求められ，計画していない実験や調査は許されない風潮があるが，当時は自由に研究することを咎める雰囲気はなかった．荒崎という緩い隔地庁舎であったことも幸いした（私は，荒崎に居た 2004 〜 2011 年が，最も楽しく実りの多い研究生活を送ることができた時期であった）．

　全長が約 60 〜 80 mm の幼魚を用い，3 つの水温区（15，20，25℃），2 つの投餌区（飽食区：毎日投餌，制限区：週 2 日投餌）を設定した（図 3-24）．実験の開始時と終了時には，ALC の 50 ppm の溶液に 3 時間浸漬し，耳石に標識を付けた．実験終了後，1 ヵ月弱の通常飼育を続けて取り上げ，計測や耳石の観察を行った．28 日間の成長量は飽食区では水温にかかわらず約 40 mm，制限区では約 25 mm で，水温が高いほど若干成長量が大きかった．そして耳石の輪紋に大きな差異が観察された（図 3-25：口絵）[28]．ALC 標識の間が，水温区や投餌区を設定した 28 日間で形成された部位である．一見してわかるが，投餌区にかかわらず，25℃では透明帯，15℃と 20℃では Type A の不透明帯が形成されていた．高水温が透明帯形成の主要因であることが実験的に示されたのである．

　ただし，水温だけが要因なら，高齢魚でも若齢魚でも同じような年輪構造になるはずであり，高齢魚の耳石（図 3-8，3-9）で見られるような，全体的に透明帯の中に，Type B の不透明帯が形成される輪紋パターンを説明できない．まだまだ一般化には道のりが遠いが，耳石輪紋形成機構に関する重要な情報が得られたと考える．加えて，水温のコントロールによって，耳石に人為的に輪紋を作り出すという，新たな内部標識技術になり得る知見であ

28日間の水温と投餌量のコントロール

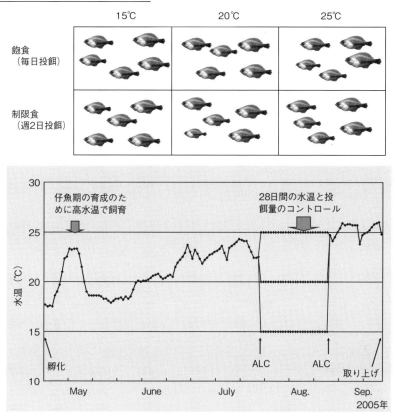

図3-24 ヒラメ種苗（当歳魚）を用いた飼育実験区と経過水温

る．水温の上げ下げで，耳石に日周輪スケールでバーコードを付けて放流す
る手法は，サケにおいて実際に複数の国で広く行われているが，年輪スケー
ルの輪紋標識は，私が知る限りこの実験で得られた画像が初めてである．

3-8.　疑年輪

　多くの魚類資源の調査を担っている調査員，研究者は，年齢査定時に迷うことが頻繁にあり，面倒な作業というイメージをもってしまう．それは年齢の読み方，すなわち年輪を判別する基準がないからである．筆者が示した 4 タイプの不透明帯の理解が，年輪の判別基準の一助になると思っているが，年輪が不明瞭であったり，疑年輪（false annuli）が形成されていることは実によくある．透明帯，不透明帯を含む耳石の輪紋は，ここまで説明してきた通り環境の季節的変化や，それに伴う生活年周期のみならず，種々の要因で形成される．1 年に 1 本，季節的に同調的（個体群内で）に形成されるのが年輪であるが，それ以外の輪紋構造は疑年輪である．

　図 3-26（口絵）は，キアンコウの耳石薄片像である．キアンコウは日本各海域における重要資源であるが，脊椎骨で年齢査定されて年齢成長様式がわかっているが[29]，耳石を用いた年齢査定法は確立されていない．私は，耳石薄片に観察される複数の輪紋が，どのような周期で形成されるのか，福島県いわき市にある水族館「アクアマリンふくしま」で飼育されていたキアンコウに，ALC の腹腔注射を行い，耳石標識を施した．その個体は，数ヵ月前に搬入されたもので，ALC 注射後約 1 年後に死亡した．耳石を取り出し ALC 標識を観察したが，残念ながら染色されていなかった．実験は失敗したが，耳石薄片を観察して奇妙なことを見出した．画像の右側は中心部であり，左側が縁辺部である．天然海域に生息していたと思われる部位には，耳石結晶が不連続な状態だと考えられる複数の輪紋が折り重なるように形成されている．しかし，飼育下に移されたと思われる縁辺側は，ほとんど輪紋構造が観察されない．結晶が連続的で耳石成長がスムーズであったことが読み取れる．毎日餌が得られる環境とは異なり，おそらく稀にしか食物を捕食できない環境では，疑年輪が形成されやすいことが示唆された．

　では，年輪と疑年輪をどのように見分けるのか．ポイントは年周期である．薄片法で説明したが，産卵期に形成される Type B の不透明帯周辺では，耳石成長の方向が変化することが多い．耳石の伸長と肥厚が入れ替わることに

よる．これは体成長と成熟のギアチェンジであると述べたが，このような生活年周期が耳石成長方向に反映されたのであり，産卵期の構造を見極める基準となる．年周期に伴わない疑年輪には，耳石成長の方向は変化しない．すなわち，表面観察法では図3-15で示したような耳石の伸長，肥厚の成長方向を知ることはできないが，薄片法で微細な構造を観察することによって，年輪と疑年輪を判別することが可能である．

3-9. １年に２本の年輪？

　明瞭な四季がある気候帯に住む私たちは，メダカやグッピーといった短期世代の魚類は別として，１年以上生きる生物は，明瞭な生活年周期があることを知っている．魚類，ベントスを問わず，孵化後，初期生活を経て個体群に加入し，体成長を活発にさせるが，半年程度で成長が停滞する．成熟年齢に達した後は，季節的に体成長と生殖腺の発達を交互に繰り返す．日本人がほぼすべての海産物に脂ののった「旬」の時期を認識しているのは，この体成長と生殖腺の発達が１年に１回ずつあるという生活年周期を常識としているからであろう．本書で述べている耳石年輪の形成も，生活年周期があることを常識・前提としている．しかし，熱帯域の海洋生態系は，亜寒帯域〜亜熱帯域のような季節性はない．日照・水温の季節的な変動はあるものの，生物の生活を大きく変化させるほどの変動幅ではない．それよりも雨季・乾季の方が，海洋域の生産性や生産構造を変化させる要因となっている海域も多い．いずれにしても，海洋環境の季節性は乏しい．加えて，産卵が１年に１回としても，その産卵期が個体によって異なってくる．そのことは，耳石の輪紋形成にも影響する．3-6でBeckman and Wilson[26]の「熱帯域，南部温帯域は，３〜５月に透明帯が形成される魚種が多い」という記載を紹介したが，その論文の図を見ると，種間でのばらつきも大きいことがわかる．

　Meunier[30]は，過去の論文をレビューし，熱帯域の魚類の硬組織に年２本の輪紋（biannuli）が形成されることを報告している．さらに，エチオピアの湖沼に生息するティラピアについて，見かけ上の年２回の輪紋形成は，春

発生群，秋発生群の透明帯形成時期が半年ずれていることに起因することが報告されている[31]．ただ，私たちがふだん扱う魚種については，一個体が年2本の不透明帯もしくは透明帯を有するようなことは考えなくてよいだろう．しかし，カタクチイワシ，ニギス，キダイ，タチウオにおいて，春発生群，秋発生群の存在が知られている．年齢査定を行う際，また成長解析を行う際には，発生群ごとに行う必要が生じるが，ニギスで行われているように[32]，発生群間の耳石輪紋（中央不透明部の径など）の差異を検出しておくことが有効になると思われる．

3-10.　貝類の年輪

　二枚貝の貝殻に，年輪が形成されることは，耳石よりも広く知られている．アサリには，冬季に成長が停滞し明瞭な年輪が形成される．味噌汁やボンゴレのアサリを見れば，何歳なのか，どの季節に漁獲した個体なのかが簡単にわかる．私たちが食しているホタテガイやホッキガイでも観察されるが，アサリは貝殻の模様まで変化するので，より明瞭である．ホッキガイは冬季，ホタテガイの場合には，逆に夏季に形成される．これらの年輪は，成長停滞期である場合が多い．

　ただし，表面から見ても，年輪構造がよくわからない種も少なくない．シジミ貝（ヤマトシジミ）やムール貝類（ムラサキイガイ），カキ（マガキ，イワガキ）の貝殻には，まだ年齢表示構造が見つかっていない．一方，表面からは観察が難しいが，殻高を計る線に沿って切断し，その断面を観察すると，トリガイやハマグリ，チョウセンハマグリは年輪（透明帯）が観察される[33,34]．

　アカガイの場合は，その断面を見ても，なかなか年輪構造が判別できなかった．Sugiura et al.[35]は，アカガイの断面を研磨し，市販の水性ペンでその断面を染め，その後水洗した．すると，他の貝のように成長停滞期に形成される透明帯のみが染まらず，明瞭に年輪（透明帯）を判別することができた．その技術を応用してミルクイを観察した画像を図3-27（口絵）に示す．

ミルクイは，内湾資源であり，瀬戸内海，伊勢三河湾，東京湾などで，潜水漁業によって漁獲されている．お店等ではミルクイではなく「ミルガイ」「本ミル」とよばれている．同様に市場で「白ミル」とよばれているのは別の分類群に属するナミガイである．ミルクイは殻頂の内側の靱帯受が突出し弾帯受を形成している．ミルクイ断面の弾帯受を水性ペンを用いて同様の方法で染めたところ，やはり透明帯が染まらず，大変明瞭な年輪構造が観察された．殻の部分の透明帯は不明瞭であるだけでなく，殻の縁辺は破損していることも多く，この弾帯受の観察によって，年齢成長解析が可能となった[36]．

　巻貝ではどうだろうか．巻貝らしくないが，アワビ類（クロアワビ，エゾアワビ，マダカアワビ）の殻（外側）を磨くと輪紋が観察され，それが年輪であることが近年確かめられた．アワビ類以外の巻貝の殻も，硬い保存性の高い組織であり，年輪が刻まれてもおかしくないのだが，殻自体に年齢表示構造は見つかっていない．殻ではないが，サザエやタマガイ類の一部は，石灰化した硬い蓋（operculum）を有しており，また石灰化していなくても保存性の高い蓋をもつ巻貝も多い．食用巻貝として一般的なツブ貝（エゾバイガイ科）には，比較的硬い蓋があり，輪紋構造が観察される．しかしその形成周期性は安定しておらず，なかなか年齢表示構造であるという確証が得られていない．

　軟体動物には，前述のように平衡石という左右1つずつ存在する粒状の物質がある．平衡石は，無脊椎動物の平衡感覚を司る器官の組織であり，軟体動物（貝類やイカ・タコ類）では内耳に相当する部位にある平衡胞内にある．図3-28にヒメエゾボラの蓋，平衡石の観察像を示す．扱いや観察は蓋の方が簡便であるが，平衡石の方が蓋よりも輪紋構造が明瞭に見える個体が多く，現在その観察を進め，形成周期性の検証実験を行っているところである．なお，イカ類の甲をみると，不連続な構造が多く観察されるが，ほとんどのイカ類の寿命は1年であり，その構造は年輪ではない．

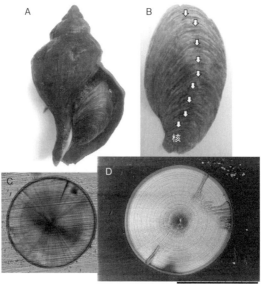

Miniscope0069 2020/02/09 17:02 NL D4.9 ×400 200μm

図 3-28　ヒメエゾボラ（A）の蓋（B）と平衡石の生物顕微鏡観察像（C）
　　　　および電子顕微鏡観察像（D）（中尾皓平氏撮影）

2 耳石の形 ——————— *column*

　耳石の大きさや形は魚種によって様々であることは 1 章で説明した通りである．形状は楕円形が多い一方で，カワハギ科やフグ科の魚類は不定形であり，帆船，飛鳥，鏡餅に似た形状をしている．ただ私が知るなかで最も特異で奇異な形をしているのはエゾイソアイナメだと思っている（**図**）．

　エゾイソアイナメは，わが国の太平洋側に広く分布しており，黒潮沿岸ではチゴダラ，東北沿岸ではエゾイソアイナメとよばれる．近年の形態学的および遺伝学的研究によって，このエゾイソアイナメとチゴダラが同種であることが明らかとなった[1]．本来，シノニム（同物異名）なので，先につけられた名（古参シノニム・先行シノニム）が有効であり，チゴダラとよぶべきところであるが，本書では知名度の高いエゾイソアイナメの名称を用いている．なお東北水域ではエゾイソアイナメという種名よりドンコとして馴染み深く食されている．

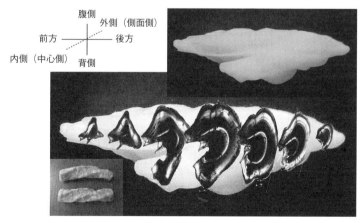

　図　エゾイソアイナメ（2+ 歳）の扁平石（左側）を内側（中心側）から見た像と薄片像
　　　左下は，仙台駄菓子「ねじりんぼう」．

　エゾイソアイナメは東北海域の重要な底魚資源であるが，その生活史が徐々に明らかになりつつある．本州南岸の黒潮内側域で生まれた仔稚魚は，輸送されて東北海域に着底後，大陸棚でそのまま成育するが，一部個体は浅海域に移入して成育する．数年生息した後は徐々に深部に移動し，未成熟のまま産卵域に移動する．実は東北の名産であるマアナゴ，マルアオメエソも，南方水域で生まれ東北海域で数年過ごしたのちにまったく未成熟の状態で産卵場に向けて移出するという同様の生活史を送る．エゾイソアイナメを含め，東北海域では成熟個体が1尾も見つかっていないのはこのためである．

　エゾイソアイナメの耳石の特異な形状に戻る．不定形の外形は，フグ目魚類とは異なり，ねじりんぼう（ねじり棒）に似ている．このねじりんぼうとは，仙台駄菓子の一つである（**図**）．耳石の形状の詳細を記す．前角と前上角がやや発達し，欠刻は明確である．凹面には，瘤状の隆起が中央から後部にみられる．溝は欠刻部から後方に延び，ほぼ真直ぐに後縁付近まで認められる．このような，ねじれた形の耳石であるが，薄片においては明瞭な年輪が認められ，容易に年齢を査定することができる．

　図は，薄片像を耳石の全体像に併せて配置したものであるが，改めて欠刻の深さと溝の分布，前角の微細な構造がわかる．薄片には，不透明な中央部，それを囲む細く明瞭な第1透明帯，その外側に第1不透明帯，第2透明帯，そして縁辺には第2不透明帯が観察される．不透明帯の内縁が孵化後の12ヵ月の単位であるので，この個体が2+歳であると容易に推定される．この図中には7つの薄片が示されているが，前方の2つ，後方の1つには，不透明中央部，第1透明帯が観察されない．これらを用いて年齢査定すると年齢を過小評価してしまう．逆に他の4つの薄片を用いれば正しく査定することができる．耳石の中心部から多少ずれた薄片であっても年齢査定が可能であることが示された．

文献

(1) 三宅隆人, 池田 実, 片山知史（2015）エゾイソアイナメとチゴダラの分類学的再検討. 日本水産学会東北支部会報, 65, 20.

3 コスタリカ ——————————— *column*

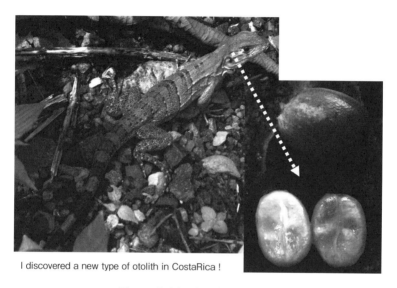

I discovered a new type of otolith in CostaRica !

図　コスタリカのトカゲとコーヒー豆

　この図は，2005年秋JICAの事業でコスタリカに出向いた際，約2週間の滞在で耳石を観察し，最後の報告会で示した1番目のスライドである．名物のコーヒー種を地元のトカゲの耳石に見立てた．この滞在の目的は，コスタリカ・ニコヤ湾持続的漁業管理プロジェクト短期専門家として，コスタリカの地域沿岸漁業の資源管理方策を検討するために，沿岸資源数種の成長曲線を得ることであった．実は，最初の1週間はまったく年輪構造を見出すことができず，大変苦しみ焦っていた．しかし，ある構造を見つけて個体ごとの年齢を査定し，成長曲線を得ることができた（3-2参照）．

　このようなスライドを作る心の余裕は，その滞在で何かを掴んだ実感があったからだと，今になっては思い出される．余裕といえば，コスタリカの

国民性である．コスタリカとは「豊かな海岸」という意味（rich coast → CostaRica）．16世紀にやってきたコロンブスの一団が，先住民の身につけていた金の装飾品を見て，近くに黄金郷があると勘違いして「豊かな海岸」とよんだことに由来するらしい．海の資源も豊かである．事業の対象海域は，カリブ海ではなく，太平洋側のニコヤ湾（首都サンホセから北西に約100 km）であったが，刺網，延縄，手釣り，底びき網を主体に，主にニベ，フエダイ，カマス，サワラ，エビ等が水揚げされていた．

　コスタリカは，徹底した民主主義，広く行き届いた福祉制度，先進的な自然保護施策，人権への高い認識度など，中南米の優等生といわれている．また非武装中立国として，軍隊をもっていない国であるということは，あまり知られていない．

4章
耳石の微細構造

4-1. 耳石日周輪

　3章では年輪の構造の特徴等を説明したが，本章では，耳石に1日1本ず
つ形成される微細構造・日周輪（daily increment）を主に扱う．耳石年輪は
扁平石のみに形成されるが，日周輪は扁平石と礫石に形成され，その見やす
さは魚種によって異なる．図4-1は，アユの耳石日周輪である．Pannella[1]
が耳石には数マイクロメートルの微細構造が形成されており，それが日周輪
であろうと報告したのは，1971年のことであり，まだ日が浅い．それ以前は，
1960年代に多様な生物種（マルスダレガイ類，イタヤガイ類，サルガイ類
等の二枚貝，カサガイ類の貝殻，コウイカ類の背甲，サンゴ，昆虫のクチク
ラ，ザリガニの胃石）において，daily growth markingが報告されていた．

　もともと日単位の構造形成については，日本の岡田らが1930〜1940年代
にかけて，二枚貝の貝殻の他，生物の歯，骨に周期的に形成される構造を報
告し始め，特にウサギの歯における日周的に形成される微細構造の記載
（1941年）[2]が起点であったとされている[3]．歯を脱灰した後に組織切片を
作成しヘマトキシリンで染色して観察したところ，明帯と暗帯が日単位で相
互に形成されることが確認された．さらに鉛を注射して調べたところ，日中
にはカルシウムの少ない明帯が，夜間にはカルシウムが多い暗帯が形成され
ることを，すでにこの時代に明らかにしている．この1941年の論文は入手
できなかったが，わが国の研究者が戦時中に貴重な研究を展開していたこと
に驚かされる．

図 4-1　アユの耳石微細構造 = 日周輪

4-2.　耳石日周輪を利用した研究の意義

　Pannella[1] の論文が発表されて以降，日周輪を用いた研究手法は急速に広まり，魚類の資源生態学・水産資源学が大いに進展した．魚類の生活史・生態の最大の特長は小卵多産である．1尾から産み落とされる卵の数は何十万粒，何百万粒であるが，加入に成功するのは数百尾であり，さらに親となって再生産できるのは数個体である．小卵多産は，すなわち生活史初期の大量減耗を意味する．体長数ミリで生まれた仔魚は，卵嚢を吸収し終えると外部栄養に転じる必要があり，その段階で食物生物にありつけないと飢餓で死亡する．その飢餓が生じる段階を critical period といい，その後食物が利用可能であっても，飢餓が不可逆的であることを PNR（point of no return）という．天然海域において食物生物の分布が多い時期と孵化時期が合うか合わ

ないかで，その後の加入量，年級豊度が大きく左右されるが，それを
match-mismatch 仮説という．食物生物を得られた個体は成長し体サイズが
大きくなるが，成長が遅く体サイズが小さい個体は，不適な環境（水温，水
深，塩分，流れなど）に運ばれやすい．また他の生物や魚類に食べられやす
い．これら飢餓（starvation），被食（predation），逸散（dispersion）を三大
初期減耗要因という．

　日齢データが得られる以前は，体長階級ごとの分布密度という形でしか，
初期減耗を表現することができなかったが，個体の日齢データが加わること
により時間軸が与えられ，減耗速度を定量的に表現することができるように
なった．初期減耗の状態を，海域や年・月の間で比較することが可能となっ
た．

（1）孵化日

　個体の採集日から日齢を差し引くと，誕生日＝孵化日がわかる．例えば5
月の大型連休に数センチの稚魚を多数採集し，日齢および孵化日を推定した
ところ，4月1日前後に集中していたとする．そのデータの解釈は主に3つ
ある（図4-2）．

　パターン1　産卵日が4月1日前後に集中していた．魚類の産卵時期は生
活年周期の中でほぼ1〜2ヵ月間の内に定まっている．前述の match-
mismatch 仮説通り，わが国沿岸においては3〜4月の植物プランクトンの
大増殖，4〜5月の動物プランクトンの大発生に合わせて，1〜4月に産卵
する魚種が非常に多い．その産卵時期1〜2ヵ月間に長く産む魚種もいれば，
リズムをもって産む魚種もいる．広い海洋の中で，雌雄が産卵行動をあわせ
るために満月・新月時に産卵を集中させる魚種が少なくない．また潮の干満
の大きさは，遊泳力の乏しい卵仔稚魚にとっても逸散の減耗を防ぐ重要な環
境要因であるため，産卵も大潮小潮に合わせて行われる場合もある．いずれ
にしても，産卵が実際に4月1日の付近に集中していたと解釈できる．

　パターン2　もし産卵時期1〜2ヵ月間に長く産む魚種だったらどうであ
ろうか．その中で採集個体の孵化日が4月1日前後に集中していたとなれば，
3月生まれ，4月生まれ，もしくは3月中旬，4月中旬に産卵され孵化した

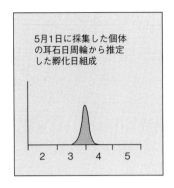

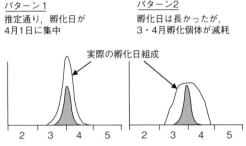

パターン3
孵化日は長かったが，発生群が次々と来遊

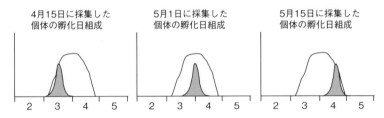

図 4-2　耳石日周輪から推定した孵化日組成が4月1日付近に集中していた場合，実際の孵化日が
　　　　どのような組成である可能性があるのかを3つのパターンで示した模式図

個体は死亡したと考えられる．すでに述べたように，数ミリで生まれた仔稚
魚は，日々大量に減耗する．5月の大型連休に採集された数センチの稚魚た
ちは，30日生き延びた稀な個体，ラッキー稚魚なのである．3月，4月に生
まれた場合，4月1日前後に生まれた場合，どのような水温，流れ，食物条
件を経験してきたかを合わせて解析することで，ラッキー稚魚となる環境条
件，生残を左右する海洋条件を知ることができる．加入量・資源量の変動機
構を明らかにする水産資源学において極めて重要な情報が得られるのである．
　パターン3　同じく産卵時期1〜2ヵ月間に長く産む魚種で，孵化時期に
よる減耗・生残が同等であっても，採集した稚魚の孵化日が4月1日に集中
する可能性がある．すなわち，3月に生まれた個体は大型連休まではその採

集場所にいたが, すでに移動してしまった. 4月に生まれた個体は, まだこ
の場に来遊していない, という状況である. 実は, 成育場といわれる海洋生
物の初期生活の場 (河口域, 干潟, 藻場, 砂浜浅海域, マングローブ林, サ
ンゴ礁など) では, 来遊してから一定期間の成長を経て他の生息場に移って
いくパターンが多い. 成育場が入れ代わり立ち代わり利用されているという
場合である.

(2) 初期成長

すでに, 初期減耗の度合いがその後の加入量や年級豊度を左右すること,
その要因が飢餓, 被食, 逸散であることを述べた. その初期減耗は, 食物生
物といった生物学的環境要因と, 水温や塩分, 流れといった物理学的環境要
因の影響を受けるが, 初期減耗については, 「成長速度が高い個体が選択的
に生残する」と考えられ, 成長−生残のパラダイム (growth-mortality 仮説)
とよばれている[4]. 魚類個体の成長速度は, 飢餓, 被食, 逸散に直結する,
初期生活史における生残のインデックスであり, 生残のメカニズムにかかわ
る事項である.

成長−生残のパラダイムを構成する3つの機能的メカニズムが, 高須賀[4]
によって整理されている. ある瞬間, 個体群が捕食者に襲われた状況を想定
する. このとき, ①成長速度が低い個体は, 個体群内で相対的に体サイズが
小さくなった結果として被食確率が高くなり得る (bigger is better). そして,
②同じ体サイズの他の個体と比べても生理状態が劣っていることなどから被
食確率が高くなり得る (growth-selective predation). また, ③成長速度が低
い個体は, 高死亡率の仔魚期から稚魚期への移行が遅れるならば, 仮に体サ
イズや成長速度自体が死亡率に無影響でも, 仔魚期の累積死亡率は上昇する
ことになる (stage duration).

いずれにしても, 仔稚魚データに時間軸を与える個体の日齢, および成長
速度の情報は, 上記の解析を行う際, 不可欠となっている. 日齢は日周輪の
計数によって推定することができる. 成長速度は, 体長を日齢で割れば得ら
れるが, 孵化後の平均成長速度であり, 例えば採集時の海洋環境と成長速度
との関係を調べる際には不十分である. 直近数日の成長速度を用いるべきで

ある．成長履歴（計算体長）は，過去の年齢時の耳石の大きさ，すなわち年輪の径を測ることで推定できることをすでに示した．耳石日周輪の径を体長に換算し，日齢と体長の関係図から個体の成長履歴を推定し，日齢ごとの成長量を知ることができる．また耳石日周輪の間隔から，成長速度を直接推定する方法もある．耳石日周輪の間隔は数〜十数マイクロメートルであり，顕微鏡像をモニターに映して1本ずつ測るという根気のいる作業であるが，初期生活・初期減耗を知る大変重要な調査研究である．

4-3. ワカサギの研究例

　私が最初に耳石日周輪観察を始めたのはワカサギである．ワカサギの耳石扁平石には比較的観察しやすい日周輪が観察される（図4-3）．ワカサギは，日本列島に広く分布しており，湖沼における重要漁業対象種である．湖やダムで釣れることから，淡水魚のイメージが強いが，自然分布が確認されている湖沼，河川は，すべて海と連絡している水域である．ワカサギは本来，海

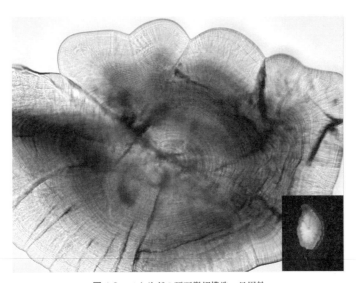

図4-3　ワカサギの耳石微細構造＝日周輪

と淡水の間を往復する通し回遊魚なのである．日本においては，1909年に
茨城県・涸沼で人工授精させた卵を，福島県・松川浦に移植したのが移植放
流の始まりである．諏訪湖は，現在全国各地に出荷するワカサギ卵の最大産
地となっているが，もともとは1915年に霞ヶ浦から移植したものである[5]．
なお，中国のダム湖では霞ヶ浦からの卵が移植され，その後定着し，日本向
けに輸出しているほど高い漁業生産をあげている状況である．ワカサギは佃
煮で食されることが多いが，中国産のワカサギも多く用いられている．ちな
みに，図4-4は輸入ワカサギの佃煮から耳石を取り出して観察した画像で
あるが，佃煮加工されても日周輪が観察できることがわかる．

　私が観察したのは青森県・小川原湖のワカサギである．小川原湖は，日本
最大のワカサギの産地であり，他の水域から移植を受けていない珍しい湖で
ある．私が大学院に進学する1989年春，小川原湖の北側に位置する六ヶ所
村に，六ヶ所再処理工場（日本原燃の核燃料再処理工場）の計画が持ち上
がった．その計画では，小川原湖の流出河川を堰き止めて，工業用水として

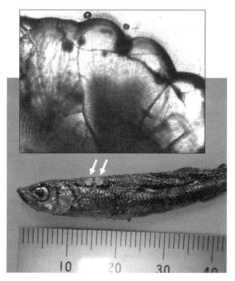

図4-4　ワカサギ佃煮から採取した耳石の観察像（矢印は取り出した耳石を示す）

用いることになっていた．私は，関連する小川原湖のワカサギ，シラウオ，ヤマトシジミの生態調査を行う事業に参画することになった．まず年齢と成長や生活年周期を調べていたのであるが，産卵期の3〜4月の前になると，それまで体長50〜60 mmの小型魚ばかりだった湖内に，80〜100 mmの大型魚が出現することがわかった．耳石を用いて年齢を調べても，ともに0+（当歳）．そこでどのような過程で大小2群が生じるのか，耳石日周輪を観察して調べたところ，孵化後40〜60日で大型群は成長速度が速くなり，その後は両群間の体長差が開いていった（図4-5）．おそらく，大型群になる個体は，流出河川を通って海洋沿岸域に移動して大きく成長し，サケのように産卵のためにまた湖内に戻ってくるのであろうという仮説を得ることができた[6]．その検証の研究では，やはり耳石を用いた微量元素分析（5-3で後述）を用いて，大型群は降海・溯河回遊を行い，小型群は一生湖内に留まっていることを確認できた．このワカサギの耳石日周輪の研究では，初期

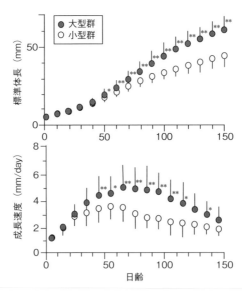

図4-5　小川原湖におけるワカサギの耳石日周輪から推定した大型群（黒丸）と小型群（白丸）の成長履歴（丸は平均値，バーは標準偏差を示す）（*：$0.01 < p < 0.05$, **：$p < 0.01$）

減耗過程はうまく解析することはできなかったが，小川原湖における個体群構造の解明につながった．

4-4. 魚の初期生活と耳石の形成

　仔稚魚の耳石の扁平石もしくは礫石には，孵化輪（hatch check）が観察される．孵化という生活史の最も重要なイベントが，まず耳石に刻まれるのである．孵化輪があるということは，孵化の前から耳石があったということである．魚類は，基本的に小卵多産で，1 mm 程度の卵が多く，孵化時には口も開いておらず，消化管も未発達である．しばらくは卵嚢に依存した内部栄養生活を送る．とはいえ，孵化時にある程度の感覚器官が機能し，運動能力が備わっている．体節および胸鰭原基が形成され，眼胞には色素が沈着し，耳胞には耳石が存在する．魚にとって平衡器官は重要なのである．そして孵化後，耳石孵化輪の外側に，1日1本ずつ形成されるのが日周輪であるが，1本目の日周輪（first ring）が孵化後1日目に形成されるのが普通なので，日周輪数が孵化後の日数（日齢）としてよい．しかしカタクチイワシ[7]やマアジ[8]は孵化後3日目から形成されるので，日周輪数に3を足した数が日齢となる．

　その後すべての魚種で日周輪が形成されるわけではないが，同心円状に日周輪が作られていく．礫石は，多少楕円形に変わっていくが，扁平石は，前述のような様々平面形へと変化していく．

　ところで，卵嚢を吸収し外部栄養に移行した際，底魚が浮遊仔魚期から稚魚期に移り着底した際，体型が大きく変化した際（変態時）など生活型が変わる時に耳石の成長の仕方も変化する．そのような時に，それまで核を中心に円もしくは楕円に形成されていた日周輪が，その外側に新たな二次核（accessory primordium, secondary growth centre）が作られ，二次核を中心として耳石が成長していく．日周輪の計数や，成長履歴解析を行う際に，大変厄介な構造となる（図4-6）．

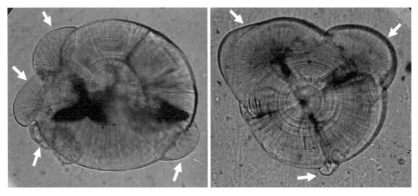

図4-6　マガレイ仔魚（40日齢）の扁平石（左）および礫石（右）の観察像（北海道立総合研究機構水産研究本部・城幹昌氏提供）
　　　矢印は，二次核を示す.

4-5. 耳石日周輪の限界

　この日齢のことを紹介すると，「年齢もわかりますか」と聞かれることがある. すなわち，日周輪が1100本あれば，ちょうど3歳だろうという発想である. しかし残念ながら，日周輪は，生活史初期，せいぜい半年程度しか形成されない. 多くの魚類は，孵化後半年くらい経つと成長が鈍化する. これは生活年周期のパターンである. 日周輪の間隔は狭くなり観察ができなくなるだけでなく，日周輪自体が形成されなくなるのである. 微細構造が見られる場合もあるが，それは1日単位のリングではない. たびたび，1歳以上の個体の耳石の微細構造を計数し，三百数十本だった場合，この魚は当歳魚（その年生まれ）であり年魚（寿命1年）であると早合点しがちである. すなわち，350本のリングが観察された場合でも，孵化後150日までは1日1本形成されたものの，その後は成長が鈍化し，数日に1本，もしくはリングがまったく周期的に形成されないことがある. 実際には700日齢であるのに350本しか観察されなかったというパターンである. 実はわが国では，年齢が2歳のサンマやカタクチイワシの耳石日周輪を観察した結果を元に，年魚であると発表・報道された時期がある. 注意が必要である.

　同様に，耳石日周輪の幅から，日間成長量すなわち成長速度を求める際もその限界を知る必要がある．通常，日周輪観察は光学顕微鏡を用いる．光学顕微鏡の場合，可視光線の波長（400 〜 800 nm）が影響するため，分解能は約 100 〜 200 nm が理論上の限界となる．実際は，研磨してカバーグラスを用いずそのまま観察する耳石の場合，対物レンズ 100 倍の油浸レンズを用いないので，乾燥系の対物レンズ 40 倍で上手に調節しても分解能はせいぜい 1 マイクロメートル程度である．体成長（somatic growth）が停滞し，耳石成長（otolith growth）もわずかになれば，日周輪が形成されなくなるか，作られてもその間隔は極めて狭く 1 マイクロメートル未満になる．すなわち，耳石日周輪解析は，良い成長は定量推定できるが，悪い成長は評価できないことを認識すべきであろう．

4 耳石の保存法 ——————————————— *column*

　耳石は保存性が高いので，風乾，室温で保存できる．とはいえ，汚れているとカビがはえるので，耳石を生体から摘出した後は，次亜塩素酸溶液かアルコール等で付着物を除去するとよい．昔は一つ一つ小型の封筒に入れていたが，現在ではマルチプレートが利用されている．仔稚魚の耳石は，取り出して洗浄後水気を取って，そのままスライドグラス上で，エポキシ樹脂やエナメルで包埋してしまうのが通常である．保存する場合は，**図**のように，工夫した容器を自作して用いる．

図　耳石の保存容器（左：成魚・未成魚用のマルチプレート，右：仔稚魚用の自作容器）

5 章
耳石の微量元素

5-1. 微量な混ざりもの

前述のように，耳石の大部分は炭酸カルシウムであるが，約0.7％にミネラル分（微量元素）が含まれており，一般的な元素組成（wt ％）は以下の通りである[1].

Ca：38.8 %，Sr：0.236 %，Na：0.223 %，K：0.0282 %，Mg：0.0021 %，Ba：0.00029%，Cu：0.000074%，Zn：0.000047%，Cd：0.0000023%

さらに，以下のような分類分けもあるが，日本語ではともに「微量元素（trace element）」といわれる．

minor element（＞ 100 ppm）：Na, Sr, K, S, Cl, P

trace element（＜ 100 ppm）：Mg, Si, Zn, B, Fe, Hg, Mn, Ba, Ni, Cu

これら微量元素は，環境水の組成を反映するため，natural tag（自然標識）とよばれる[2]. 加えて，水温や成長の影響を受ける．したがって，耳石微量元素の組成を海域間で比較することによって，系群判別が可能である[2]. 生態研究に加え，人為的な化学標識付加や金属物質汚染の調査研究にも用いられる．ターゲットとされる微量元素は，Sr, Ba, Mn, Fe, Pb, Li, Mg, Cu ならびに Ni の濃度およびその組み合わせが指標とされる場合が多い．

5-2. Sr:Ca（塩分）

2000 年くらいまでは，誘導結合プラズマ質量分析装置（inductively

coupled plasma mass spectrometry，ICP-MS）を用いて耳石全体の多元素同時分析を行い，同種の耳石元素組成を海域間で比較することで系群判別を行う研究，もしくは電子プローブマイクロアナライザー（Electron Probe Micro Analyzer，EPMA）（エネルギー分散型分光器（EDS）と波長分散型分光器（WDS）を用いたX線の検出方法がある）を用いてSr:Caを中心部分から縁辺に向かって数マイクロメートル間隔で分析することによって，両側回遊魚の回遊パターンを明らかにする研究が行われていた．特にSr:Caのデータは，沿岸魚類の生態解明を大きく進展させた．

　EPMAの分析とは，電子線を入射線として特性X線を検出する機器であり，マイクロメートル単位の点スポットの構成元素を計測する方法である．計測する元素の中でもSrは，Caと同じ2価アルカリ土属元素でありSrCO$_3$として硬組織に取り込まれ，また現在のEPMA分析でも十分計測可能な濃度であるため，魚類生態研究で最も多く利用されている．環境水中のSrが耳石に沈着するまでに要する時間についてはほとんどわかっていないが，少なくとも24時間以内と考えられており，日周輪に対応した日単位の解析は十分に行えることが示されている[3]．

　耳石の微量元素含有量（特にSr）を変化させると考えられる要因を整理すると以下のようになる[4]．

　　・環境的要因：水温，Sr濃度（塩分），汚染，pH
　　・生体的要因：年齢，体サイズ，発達段階，成長（体，耳石），食物，ス
　　　　　　　　　トレス（natural，anthropogenic），炭酸カルシウム結晶タ
　　　　　　　　　イプ・サイズ

　この中でも耳石Sr量を最も明瞭に変化させるのは，環境水中のSr濃度である．天然水における元素組成によると，河川水におけるSr濃度は約50 μg/Lであるのに対して，海水では約8500 μg/Lである[5]．実際にいくつかの魚種において，海水，汽水，淡水といった生息環境によって耳石Sr量が変化することが明らかとなっている[6]．

　ただし，海水域に生息していた個体の耳石Sr量は，淡水域の個体に対して170（8500/50）倍にはならず10倍以下である．微量元素の体内および耳

石に取り込まれるメカニズムに関する研究は少ない．微量金属では Fe につ
いて，環境水中の Fe 濃度にかかわらず耳石の濃度は一定であった[7]．一方
Sr については，耳石 Sr 量は環境水中の密度に依存して増加するが，直線的
ではなく，高濃度になると取り込み率は減少した[8]．また耳石 Sr 含有量に
影響するのは，環境水中の Sr の絶対量より Sr:Ca が重要である．また日周
輪に合わせて計測したところ，不連続層（暗帯）で Sr:Ca が明らかに増加し
ており，石灰化の速度が緩慢な時に Sr が多くなる．

　変動要因は塩分以外にもあるにせよ，特に海と川とを行き来する魚類や汽
水域を成育場とする魚類については，過去の生息場（海水域，汽水域，淡水
域）を Sr:Ca を指標に高い精度で特定できる．さらに耳石日周輪と併せて解
析することによって日単位で移動・回遊時期が推定され，これらの課題につ
いての多くの成果が得られている．なお成育場（干潟，藻場，河川下流域）
を利用した個体が個体群に占める割合を推定して，個体群レベルで成育場評
価を行った代表的な研究は，わが国のイシガレイ，メバル，スズキ[9-11]であ
ることを記しておきたい．

5-3. ワカサギの研究例

　上記の通り，個体の耳石 Sr:Ca の計測によって，系群判別・個体群構造の
解析，環境履歴（回遊経路・生息場推定）推定，変態・着底時期（日齢推
定），親子関係の推定といった魚類生態の研究が行われてきた．筆者が最初
に耳石 Sr:Ca の解析を行ったのは，耳石日周輪（4-3）で紹介した青森県小
川原湖のワカサギ大小 2 群についてである．耳石日周輪の解析で，小川原湖
の産卵期に出現する大型群は，流出河川を通って海洋沿岸域に移動して大き
く成長し，産卵のために再び湖内に来遊する個体であろうという仮説を導い
た．耳石 Sr を計測すれば，その仮説を検証することができる．薄片を作製
し，耳石中央部から縁辺に向けて EPMA の X 線ビームを 10 マイクロメート
ル間隔で照射し，Sr:Ca 濃度を測定した．すると，小型群の Sr:Ca は低い値
で安定していたが，大型群は途中から急増しそのまま縁辺にかけて高い値を

維持していた（図5-1左）．つまり，大型群が遡河回遊個体であり，小型群
が湖内滞留個体であることが確認できた[12]．その後，日本列島各地の汽水
湖や河川のワカサギの耳石 Sr:Ca 微量元素を調べ，ワカサギの降海・遡河回
遊様式が実に多様であることを示した[13]．

　一方，小川原湖にはシラウオも多く生息し，常に国内の生産量1位である．
シラウオは大小2群はみられないが，耳石 Sr:Ca を調べたところ，計測した
個体の半数程度がワカサギ同様に，途中から Sr:Ca が増加しており，遡河回
遊個体であることがわかった（図5-1右）[14]．ワカサギもシラウオも，同
じ個体群内に，遡河回遊型と湖内滞留型（用語説明の通し回遊魚を参照）の
生活史変異が存在していることを示すことができた．ちなみに，ワカサギも

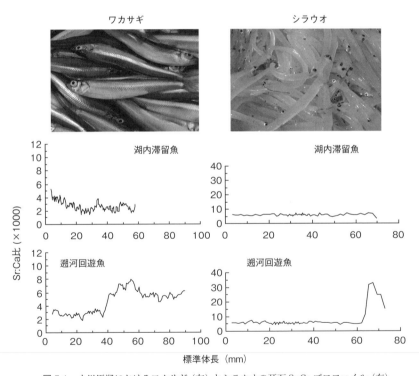

図5-1　小川原湖におけるワカサギ（左）とシラウオの耳石 Sr:Ca プロファイル（右）

シラウオも河川に生息する個体群は，淡水域で孵化した後，河川下流域，河口域，沿岸域の環境に応じて，柔軟に回遊パターンを変えており，好塩性魚類の多様な生活史が報告されている[14, 15]．

5-4. Sr:Ca（水温）

　一般的に，アラゴナイトが形成される過程で，炭酸カルシウムの Sr:Ca は温度によって変化することが知られている．水温との関係については，主に飼育実験によっていろいろな魚種について水温に対する耳石 Sr:Ca の関係が調べられている．Secor and Rooter[6]にまとめられている表には，以下のように記載されている．

　キンギョ，マルスズキ，rock blackfish，マダイ，レッドドラムが正の関係，ニホンウナギ，タイセイヨウニシン，タイセイヨウダラ，Australian rock cod，マミチョグ，white grunt，オオヒメ，タイセイヨウクロマグロが負の関係，シマスズキ，red hind が不明．

　麦谷[7]は，キンギョの実験結果でドーム型を示している．またストレスが，Sr:Ca を増加させること，卵巣の成熟に伴って，耳石に沈着する Sr 量が減少することも示している．しかし，私は逆に適水温に近いほど，Sr が少なくなりコンタミネーションのない炭酸カルシウムが形成されることで U 字型になること，成熟に伴って Ca が減少することで，Sr:Ca が増加することを想定している（過去の研究例をもとにした感覚であり，研究例を整理したわけでも実験をしたわけでもない）．

　水温は，成長や種々の代謝を変化させ，そのために小嚢内リンパの Sr 濃度が変化することが十分に考えられる．しかし，耳石の Sr のみで水温履歴を再現する手法は，魚類生活史の研究においては限界があると思われる．

5-5. Mn, Ba が貧酸素の指標？

　Campana[1]は，種々の測定例を整理し，淡水魚，海水魚，汽水域に生息す
る魚の耳石微量元素を比較した（図5-2）．汽水域の魚は標本数が少ないの
で，海水魚と淡水魚の耳石微量元素（1 ppm 以上）を比べると，海水魚の方
が明らかに多い元素は Sr，B，Fe，Mn，Cu，逆に淡水魚の方が多いのが
Zn，Ba である．

（1）レーザーアブレーション ICP-MS

　Ba と Mn は，trace element の中では，含有量の多い金属である．しかし，
EPMA では検出できない濃度であるため，系群判別以外の生態研究におい
ては，取り扱われてこなかった．2000 年代に入り，耳石を酸に溶解させて
その溶液を ICP-MS で多元素同時分析するのではなく，Laser を照射して微
粒子を得る方法，レーザーアブレーション ICP-MS（Laser ablation ICP-MS,
LA-ICP-MS）が開発され，分析が容易になった．耳石の各部位（核周辺，透
明帯，不透明帯，縁辺）からマイクロサンプルを得る方法としては，マイク
ロミリング（ドリル）を用いる方法があり，後述の酸素等の安定同位体比分
析用の試料を得ることができるが，ドリルの刃を用いれば微量金属のコンタ

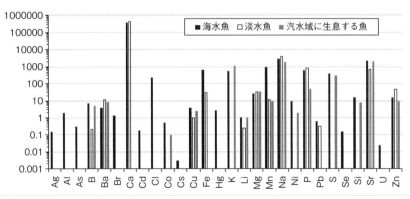

図5-2　海産魚，淡水魚および汽水域に生息する魚類耳石の平均微量元素濃度（μg/L）
　　　　Campana[1]表2より作成．

ミネーションを避けられない.

　そこで，Ca，Sr，Na，K，Mg，Ba，Cu，Zn，Cd，Mn について，レーザースポット径 30 マイクロメートルのレーザーを 40 〜 50 マイクロメートル間隔で照射し，生成された微粒子を ICP-MS に送り，各元素の総イオン強度を測定し，$CaCO_3$ 中の Ca モル濃度 = 40％で含有量を補正した．定量化には，ガラス標準物質を用いた.

(2) 貧酸素と耳石微量元素

　わが国の代表的な大都市を擁する内湾であり，沿岸漁業の重要な漁場である東京湾内外のマコガレイの耳石微量元素の解析を行った．東京湾内湾（船橋沖），内房（金谷沖）および外房（九十九里浜沖）で測定した個体ごとの平均値を海域ごとにまとめて示した（図 5-3）．含有量は Ca，Na，Sr，K，Mg，Ba，Mn，Zn，Cd，Cu の順で多かった．微量元素は，特に内湾および内房のマコガレイ耳石において，測定部位間で大きくばらついていた．このばらつき＝変動については，現在，年輪構造と対応させた解析を行っているところである．一方，外房のマコガレイ耳石には明らかに Ba，Mn が少なく，変動もわずかであった.

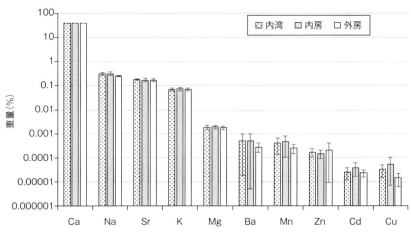

図 5-3　東京湾の内湾（船橋沖），内房（金田沖），外房（銚子）で採集したマコガレイ耳石の元素組成（平均値 ± 標準偏差）

　では，東京湾内において Ba，Mn が多量に含まれていることが，どのような内湾の環境を反映したものであろうか．一つの考え方として，貧酸素によって底質から溶出したことによるという仮説が立てられる．貧酸素と微量元素の関係については，バルト海の Atlantic croaker，European flounder，およびメキシコ湾の Atlantic croaker，yellow perch の耳石が分析され，貧酸素水塊においては Mn が増加することが報告されている[16]．そして還元状態の海底から Mn^{2+} が溶出し，魚類に取り込まれるプロセスが示されている（図 5-4）．わが国では，東京湾だけでなく，伊勢三河湾，大阪湾などの内湾では，貧酸素水塊が毎年のように形成されながらも，高い漁業生産を上げている．魚類が貧酸素によってダメージを受けるベントスをうまく摂食し，貧酸素水塊を利用しながら生活しているのかもしれない．Ba，Mn の測定例を蓄積し，内湾資源の生態をさらに探求していきたい．

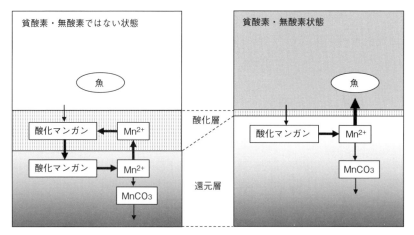

図 5-4　海洋域における貧酸素・無酸素ではない状態（左）と貧酸素・無酸素状態（右）でのマンガン循環の模式図（Limburg et al.[16]の図 1 を改変）

5-6. 酸素安定同位体比

（1）酸素安定同位体比とは

　岩石やサンゴなど，炭酸カルシウムの酸素安定同位体比は形成時の水温の指標となり，海水の酸素同位体比との差は，海水温（T）と一時的な関係式で表されることがわかっている．さらには，炭酸カルシウム組織の酸素同位体比から，生物個体の水温履歴が推定される[17-20]．

　そもそも酸素安定同位体比（$\delta^{18}O$ ＝（試料の $^{18}O/^{16}O$ ／標準物質の $^{18}O/^{16}O$ － 1）× 1000）は，海水域の 0‰（パーミル：1/1000）では軽い酸素（^{16}O）から蒸発するため，雲の $\delta^{18}O$ は海水よりも低い値になる．その雲からは重い酸素（^{18}O）から降下するため，海から離れれば離れるほど，雨水中の $\delta^{18}O$ は低い値になる．海水は $\delta^{18}O$ がほぼ 0‰であるのに対し，陸水は－ 6 ～－ 11‰となる．ちなみにウィーン標準平均海水（VSMOW）の酸素安定同位体比は，^{16}O が 99.762％，^{17}O が 0.038％，^{18}O が 0.200％である．

　海水中の $\delta^{18}O$ が一定ならば，酸素が化学反応によって炭酸塩がつくられる際，^{16}O と ^{18}O では反応速度が違うために，炭酸塩の酸素同位体分別は温度依存性を示す．したがって，物質中の酸素同位体比を調べれば，その物質がつくられた時の気温や水温が推定できるのである．水温が高いほど，^{18}O が少なくなり，線形で推定される．

　耳石の $\delta^{18}O$ 値から海水温を復元するためには海水の $\delta^{18}O$ 値を知る必要がある．海水の $\delta^{18}O$ 値は塩分と相関がよいことが知られており[20, 21]，わが国周辺の海水の塩分 S と $\delta^{18}O$ の関係式は以下の報告が用いられる．

黒潮域：$\delta^{18}O$ ＝ 0.203S － 6.76 [21]

親潮域：$\delta^{18}O$ ＝ 0.3915S － 13.516 [22]

　国際的な標準海水の $\delta^{18}O$（VSMOW スケール）から水温を推定する式は，以下の通りである．

1000 ln（α）＝ 17.88（1000/T）－ 31.14 [23]

1000 ln（α）＝ 16.75（1000/T）－ 27.09 [17]

α ＝（$\delta^{18}O_{sample}$ ＋ 1000）／（$\delta^{18}O_{water}$ ＋ 1000）

T：絶対温度

国際標準化石の δ^{18} − O（VPDB スケール）から水温を推定する式は，以下の通りである．

$$\delta^{18}O_{sample} - \delta^{18}O_{water} = 3.90 \times - 0.20 \times C^{(17)}$$

C：セルシウス温度

VPDB スケールでの海洋生物の $\delta^{18}O$ と水温の関係式が Pontual and Geffen[24] にまとめられており，それを図示すると図 5-5 のように負の一次式で表される．

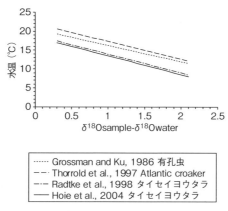

図 5-5　耳石酸素安定同位体比に対する水温の関係

（2）耳石酸素安定同位体比と水温

　魚類の耳石や貝殻における酸素安定同位体比についても，生物過程は考慮する必要がなく，物理的な機構によって一義的に水温を推定できるという大きな利点がある．個体の水温履歴がわかれば，孵化時期・場所，移動回遊ルート，年齢検証など，その応用研究は多岐にわたると考えられる．しかし，微量元素のようにレーザーアブレーションでは，十分な分析試料を得ることができない．耳石から試料を得るためのマイクロサンプリング技術が必要となる．コンピューター制御の装置もあり，海外ではその機器を用いた分析も行われている．そのような装置がない場合は，顕微鏡下でマイクロドリルを

用いて，得られた粉末を手作業でマイクロチューブに入れて分析試料とすることになる．耳石をそのまま酸に溶かせば，比較的容易に分析することができる．ただし得られるデータは，生涯平均水温となり，生活史研究には結び付けにくい．

　各水域で漁獲された魚類について，耳石全体をそのまま分析した例を紹介する[25]．黒潮域（流軸より南方）において中層トロールによって採集された**中深層性魚類**（アブラソコムツ，バラムツ，ムカシクロタチ，ハシナガナメハダカ，ロウソクチビキ）については，9～13℃の種と19～21℃の種が存在し，鉛直的な水柱の利用様式の差異が推察された（図5-6）．

　コスタリカのフエダイの一種，日本各地の沿岸魚類（ワニゴチ，ギス，ウツボ，エゾイソアイナメ，キアンコウ），および東北太平洋海域大陸斜面の底魚（クロソコギス，ヨコスジクロゲンゲ，マメハダカ，ネズミギンポ，ヒモダラ，ムネダラ，ニュウドウカジカ，シロブチヘビゲンゲ，マルカワカジカ）については，沿岸魚類はほぼ妥当な生涯平均水温が得られたが，大陸斜面の底魚は若干低い水温になっている（図5-7）．大陸斜面底魚では生息場である中深層水深帯の底層水の酸素安定同位体比のデータで補正する必要があると思われる．

　マアナゴの耳石全体の分析結果から推定された生涯平均水温（図5-8）は，

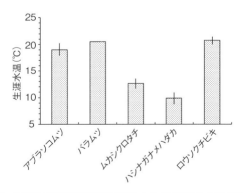

図5-6　魚種別の耳石酸素安定同位体比から推定された生涯平均水温
　　　　（黒潮中深層性魚類，平均値±標準偏差）

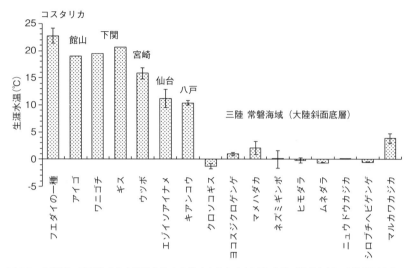

図 5-7　魚種別の耳石酸素安定同位体比から推定された生涯平均水温（沿岸魚類, 大陸斜面底魚, 平均値±標準偏差）

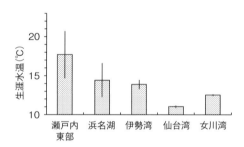

図 5-8　マアナゴの耳石全体の分析結果から推定された生涯平均水温（平均値±標準偏差）

　北の海域ほど低く, 計測した 5 個体の平均値は, 兵庫では 17.7℃, 静岡と愛知では 13.9 〜 14.4℃, 宮城の女川湾, 仙台湾では各々 12.5℃, 11.0℃であった.

　瀬戸内海東部の 3 個体については, 耳石の表面もしくは横断面を研磨した後, マイクロドリルを用いて, 中心部分および縁辺部分から粉末試料を得て分析し部位間で比較した. この兵庫の 3 個体（1+ 歳）の部位別分析結果は, 縁辺部が 13 〜 16℃であったのに対して, 中心部は 17 〜 21℃であった（図

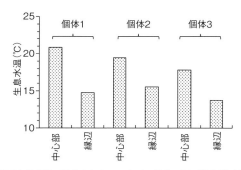

図 5-9　瀬戸内海東部で採集されたマアナゴ 3 個体の耳石部位別（中央部, 縁辺部）における酸素安定同位体比から推定した生息水温

5-9). 酸素安定同位体比から推定された水温は, おおむね生息海域の値を反映したものとなった. また中心部分の形成時に高い水温であったと推定されたことは, 孵化場所が南方水域であることを支持する結果となった.

　一部の耳石では, 切り出した部分ごとに分析したものの, 依然として耳石の形成時期に合わせた（形成時間軸に沿った）マイクロサンプリング手法が確立されていない. マイクロドリルに頼らない, 新たなマイクロサンプリング手法の開発が望まれる. なお酸素安定同位体比は, 水温よりも陸水の影響を強く受けるため, 汽水にも生息範囲が広がっている魚種については注意が必要である. その一方で, 地下水・湧水の酸素安定同位体比は地域によって大きく異なる. その違いを利用した研究が展開される可能性もある.

5-7. さらに進展する耳石微量元素を用いた研究

　ここまで, EPMA や Laser ablation ICP-MS（LA-ICP-MS）を用いた研究例を紹介したが, 粒子線励起 X 線分析（Proton-induced X-ray emission, PIXE）や二次イオン質量分析法（Secondary ion mass spectrometry, SIMS）, 原子吸光分析法（Atomic absorption spectrometry, AAS）といった元素分析機器, 表面電離型質量分析（Thermal ionization mass spectrometry, TIMS）, ガスクロマトグラフ－同位体比質量分析計（Gas chromatograph - Isotope ratio mass spectrometer, GC-IRMS）といった安定同位体比質量分析機器など，さらに高い分析能力の機器が開発され，濃度の低い金属や炭素，窒素，硫黄などの安定同位体比が測定可能となっている．

　耳石に含まれる放射性元素の分析も行われている．1950年代後半から1960年代後半にかけて世界各地で実施された水素爆弾の核実験の影響で，耳石炭素同位体（^{14}C）が明瞭に増加する現象を利用して，bluefin tuna, redfish, blue grenadier の年齢が査定されている[26]．同様に，オセアニアに生息する深海性の底魚オレンジラフィー（orange roughy）が，放射性物質の半減期（^{210}Pb:^{226}Ra activity ratios）の解析によって149歳と推定されたという報告もある[27]．わが国ではそのような高齢魚は分布していないので，^{14}Cや半減期を利用する手法を用いる必要性はないが，分析機器の発達により，さらに微量な元素や同位体の分析が取り入れられ，年齢査定のみならず多様な研究分野での応用研究が進展するものと考えられる．

　ただし，微量元素の耳石への蓄積のメカニズム・生物学的なプロセスがほとんどわかっていない．耳石に残った結果だけでなく，メカニズムとプロセスの研究も必要である．いずれにしてもフライトレコーダーとよばれる耳石は，その保存性の高さから，環境履歴や生活履歴を推定する研究がますます進展すると思われる．現在は微量元素のみであるが，将来的には，アミノ酸やタンパク質も分析可能になるのではないか．もし成熟ホルモンや性成熟関連物質の検出が走査的に分析できるようになれば，個体レベルで成熟年齢がわかるようになる．耳石が，ますます雄弁になるものと想像するし，私たちは，耳石にもっと語らせる必要がある．

5 重い耳石

column

　私が現在保有している耳石で最も重いのはオオサガ *Sebastes iracundus* という底魚の耳石である．一般にはメヌケとよばれる高級魚である．標準体長 376 mm，体重 550 g．耳石については，耳石長が 16 mm，重さは 0.70 g で手に取るとずっしりと感じる（**図**）．とはいえ，耳石は体重の約 0.13%．体重 70 kg の人間なら 89 g の組織に相当する．さて，魚にとって耳石は重いのか軽いのか．

図　オオサガの耳石（0.70 g）

引用文献

1 章

(1) Campana S.E., Thorrold S.R., Jones C.M., Giinther D., Tubrett M., Longerich H., Jackson S., Halden N.M., Kahsh J.M., Piccoli P., de Pontual H., Troadec H., Panflli J., Secor D.H., Severin K.P., Sie S.H., Thresher R., Teesdale W.J., Campbell J.L. (1997) Comparison of accuracy, precision and sensitivity in elemental assays of fish otoliths using the electron microprobe, proton-induced X-ray emission, and laser ablation inductively coupled plasma mass spectrometry. Can. J. Fish Aquat. Sci., 54, 2068-2079.

(2) 鵜沢和宏 (1992) 耳石にもとづくマダラ (*Gadus macrocephalus*) 漁期の研究, 有珠 10 遺跡出土マダラ耳石について. 人類誌, 100, 331-339.

(3) Schmidt J. (1923) Consumption of fish by porpoise. Nature, 112, 902.

(4) Frost G.A. (1924) Fish otoliths from the stmach of a porpoise. Nature, 113, 310.

(5) Fitch J.E., Brownell R.L.Jr. (1968) Fish otoliths in cetacean stomachs and their importance in interpreting feeding habits. J. Fish. Res. Board Can., 25, 2561-2574.

(6) Hecht T. (1987) A guide to the otoliths of southern Ocean fishes. S.Afr. J. Antarct. Res., 17, 2-85.

(7) Campbell R.B. (1929) Fish otoliths, their occurrence and value as stratigrahic markers. J. Paleontology, 3, 254-279.

(8) Frizzel D.L., Dante J.H. (1965) Otoliths of some early cenozoic fishes of the Gulf Coast. J. Paleontology, 39, 678-718.

(9) Huddleston T.W., Barker L.W. (1978) Otoliths and other fish remains Santa Barbara-Ventura Counties, California. Los Ang. Count. Mus. Contrib. Sci., 289, 1-36.

(10) Malcolm J.S., Watson G., Hecht T. (1995) Otolith atlas of southern African marine fishes. Ichthyologyical Monographs of the J. L. B. Smith Institute of Ichthyology, 1, pp. 253.

(11) Aguilera O., Aguilera D.R. (2001) An exceptional coastal upwelling fish assemblage in the Caribbean neogene. J. Paleontology, 75, 732-742.

(12) Campana S.E. (2004) Photographic atlas of fish otoliths of the northwest Atlantic Ocean. Can. Spec. Pupl. Fish. Aquat. Sci., 133, 1-284.

(13) Lin C.H., Chang C.W. (2012) Otolith Atlas of Taiwan Fishes, Series: NMMBA Atlas Series Volume: 12, pp. 415.

(14) Ohe F. (1985) Marine Fish-Otoliths of Japan. Special Volume of Bulletin (Earth Science), The Senior High School attached to the Aichi University of Education, pp. 184.

(15) 飯塚景記, 片山知史 (2008) 日本産硬骨魚類の耳石の外部形態に関する研究. 水研セ研報 25, 1-222.

(16) 中村 泉 (1994) サバ型魚類学入門 (22) 耳と聴覚および平衡感覚. 海洋と生物, 91, 88-94.

(17) Casteel R.W. (1974) Identification of the species of Pacific salmon (genus *Oncorhynchus*) native to North America based upon otoliths. Copeia, 2, 305-311.

(18) Hecht T. (1987) A guide to the otoliths of southern Ocean fishes. S.Afr. J. Antarct. Res., 17, 2-85.

(19) Nolf D. (1993) A survey of Perciform otoliths and their interest for phylogenetic analysis, with an

iconographic synopsis of the Percoidei. Bull. Mar. Sci., 52, 220-239.

（20） Platt C., Popper A.N. (1981) Hearing and Sound Communication in Fishes, eds. Tavolga W.N., Popper A.N., Fay R.R, Springer, New York, pp. 3-38.

（21） 松原喜代松, 落合 明, 岩井 保（1979）新版魚類学（上）, 恒星社厚生閣, 東京, pp. 105-148.

（22） Wright P.J., Panfili J., Morales-Nin B., Geffen A. J. (2002) Types of calcified structure. In: Manual of Fish Sclerochronology, eds. Panfili J., Pontual H., Troadec H., Wright P.J., Ifremer-IRD coedition, Brest, Paris, pp. 31-90.

2 章

（1） Popper, A.N. (1980) Scanning electron microscopic study of the sacculus and lagena in several deep-sea fishes. Am. J. Anat., 157,115-136.

（2） Popper, A.N., Coombs S. (1982) The morphology and evolution of the ear in actinopterygian fishes. Am. Zool., 22, 311-328.

（3） Ladich F., Schulz-Mirbach T. (2016) Diversity in fish auditory systems: One of the riddles of sensory biology. Front. Ecol. Evol., 31.

（4） Lombarte A. (1992) Changes in otolith area: sensory area ratio with body size and depth. Env. Biol. Fish., 33, 405-410.

（5） Lombarte A., Lleonart J. (1993) Otolith size changes with body growth, habitat depth and temperature. Env. Biol. Fish., 37, 297-306.

（6） 麦谷泰雄（1996）硬骨魚類の耳石形成と履歴情報解析.「海洋生物の石灰化と硬組織」（和田浩爾, 小林巖雄編著）. 東海大学出版会, 東京, pp. 285-297.

（7） 当瀬秀和, 都木靖彰（2007）耳石（硬骨魚類）.「バイオミネラリゼーションとそれに倣う新機能材料の創製」（加藤隆史監修）. シーエムシー出版, pp. 64-74.

（8） Takagi Y., Tohse H., Murayama E., Ohira T., Nagasawa H. (2005) Diel changes in endolymph aragonite saturation rate and mRNA expression of otolith matrix proteins in the trout otolith organ. Mar. Ecol. Prog. Ser., 294, 249-256.

（9） 麦谷泰雄（1997）魚類年齢形質の形成と輪紋性状.「水産動物の成長解析」（赤嶺達郎, 麦谷泰雄編）, 恒星社厚生閣, 東京, pp. 9-16.

（10） Wright P.J., Panfili J., Morales-Nin B., Geffen A.J. (2002) Types of calcified structure. In: Manual of Fish Sclerochronology, eds. Panfili J., Pontual H., Troadec H., Wright P.J., Ifremer-IRD coedition, Brest, Paris, pp. 31-90.

3 章

（1） Enlow D.H., Brown S.O. (1956-58) A comparative histological study of fossil and recent bone tissues. Texas Journal of Science, 8, 405-443; 9, 186-214; 10, 187-230.

（2） Klevezal G.A., Kleinenberg S.E. (1969) Age Determination of Mammals from Annual Layers in Teeth and Bones. Academy of Sciences U.S.S.R. Israel Program for Scientific Translation, Jerusalem, pp. 128.

（3） Horner J.R., Ricqlès A., Padian K. (1999) Variation in dinosaur skeletochronology indicators: Implications for age assessment and physiology. Paleobiology, 25, 295-304.

（4） Fox D.L. (2000) Growth increments in Gomphotherium tusks and implications for late Miocene climate change in North America. Palaeoecology, 156, 327-348.

（5） Dammers K. (2006) Using osteohistology for ageing and sexing. In: Recent Advances in Ageing and Sexing in Zooarchaeology, ed. Ruscillo D., Oxbow Press, South Yorkshire, UK, pp. 9-39.

（6） Menon M.D. (1950) Bionomics of the poor-cod (*Gadus minutus* L.) in the Plymouth area. J. Mar. Biol. Ass. U. K., 29, 185-239.

（7） 田中種雄，片山知史，目黒清美，加藤正人（2018） 耳石横断薄片法を用いた千葉県銚子・九十九里海域におけるヒラメの年齢と成長．千葉県水産総合研究センター研究報告，3, 1-5.

（8） 和田時夫（2002a）「資源の持続的利用」，資源評価体制確立推進事業報告書―資源解析手法教科書―．日本水産資源保護協会，235-245.

（9） Katayama S., Ishida T., Goto K., Iizuka K., Karita K. (2002) A new aging technique of UV light observation of burnt otolith for Conger eel, *Conger myriaster*. Ichthyol. Res., 49, 81-84.

（10） Katayama S. (2002) A new aging technique of UV light observation of burnt otoliths, Proceedings of International Commemorative Symposium, 70th Anniversary of The Japanese Society of Fisheries Science, 421-422.

（11） 麦谷泰雄（1997）魚類年齢形質の形成と輪紋性状.「水産動物の成長解析」（赤嶺達郎, 麦谷泰雄編）, 恒星社厚生閣, 東京, pp 9-16.

（12） 麦谷泰雄（1996）硬骨魚類の耳石形成と履歴情報解析.「海洋生物の石灰化と硬組織」（和田浩爾, 小林巖雄編著）. 東海大学出版会 東京, pp. 285-297.

（13） Wright P.J., Panfili J., Morales-Nin B., Geffen A.J. (2002) Types of calcified structures, Otoliths. In: Manual of Fish Sclerochronology, eds. Panfili J., Pontual H., Troadec H., Wright P.J.. IRD Editions, Paris, pp. 31-57.

（14） Watanabe S., Takahashi M., Watanabe Y. (2002) Fluctuating asymmetry in the otoliths as an index of growth rate of the Japanese anchovy, *Engraulis japonicus*. Fish. Sci., 68, 234-237.

（15） Morales-Nin B. (1987) The influence of environmental factors on microstructure of otoliths of three demersal fish species caught off Namibia. South African Journal of Marine Science, 5, 255-262.

（16） Mugiya Y., Hirabayashi S., Ohsawa T. (1985) Microradiography of otoliths and vertebral centra in the flatfish *Limanda herzensteini*, hypermineralization in the hyaline zone. Nippon Suisan Gakkaishi, 51, 219-225.

（17） Casselman J.M. (1974) Analysis of hard tissue of pike Esox lucius L. with special reference to age and growh. In: The Ageing of Fish, ed. Bagenal T.B., Old Working, Unwin Brothers Limited, London, pp. 13-27.

（18） Casselman J.M. (1982) Chemical analysis of the optically different zones in eel otoliths. In: Proceedings of the 1980 North American Eel Conference, ed. Lufus K., Ontario Fishery Technical Report Series, 4, Toronto, CA, 74-82.

（19） Casselman J.M. (1987) Determination of age and growth. In: The Biology of Fish Growth, eds. Weatherley A.H., Gill H.S., Academic Press, First Edition NY, pp. 1-17.

（20） Mugiya Y. (1984) Diurnal rhythm in otolith formation in the rainbow trout, *Salmo gairdneri*: seasonal reversal of the rhythm in relation to plasma calcium concentration. Comp. Biochem. Physiol., 78A, 289-293.

（21） Casselman J.M. (1983) Age and growth assessment of fish from their calcified structure -techniques and tools. NOAA Tech. Rep. NMFS 8, 1-17.

（22）Kalish J.M. (1989) Otolith microchemistry: validation of the effects of physiology, age and environment on otolith composition. J. Exp. Mar. Biol. Ecol., 132, 151-178.

（23）Kalish J.M. (1991) Determinants of otolith chemistry: seasonal variation in the composition of blood plasma, endolymph and otoliths of beareded rock cod *Pseudophycis barbatus*. Mar. Ecol. Prog. Ser., 74, 137-159.

（24）Berghahn R. (2000) Response to extreme conditions in coastal areas: biological tags in flatfish otoliths. Mar. Ecol. Prog. Ser., 192, 277-285.

（25）Cappo M., Eden P., Newman S.J., Robertson S. (2000) A new approach to validation on of periodicity and timing of opaque zone formation in the otoliths of eleven species of *Lutianus* from the central Great Barrier Reef. Fish. Bull., 98, 474-488.

（26）Beckman D.W., Wilson C.A. (1995) Seasonal timing of opaque zone formation in fish otoliths. In: Recent Developments in Fish Otolith Research, eds. Secor D.H., Dean J.M., Campana S.E., University of South Carolina Press, Columbia, S.C. pp. 27-44.

（27）片山知史（2003）魚類の硬組織による年齢査定技術の最近の情報, 南西外海の資源・海洋研究, 4, 1-4.

（28）Katayama S., Isshiki T. (2006) Variation in otolith macrostructure of Japanese flounder (*Paralichthys olivaceus*): discrimination of wild and released fish in developing a mass-marking system. J. Sea Res., 57, 180-186.

（29）Yoneda M., Tokimura M., Fujita H., Takeshita N., Takeshita K., Matsuyama M., Matsuura S. (1997) Age and growth of anglerfish *Lophius litulon* in the East China Sea and the Yellow Sea. Fish. Sci., 63, 887-892.

（30）Meunier F.J. (2002) Skeleton, In: Manual of Fish Sclerochronology, eds. Panfili J., Pontual H., Troadec H., Wright P.J., IRD Editions eds, Paris, pp. 65-88.

（31）Yosef T., Casselman J.M. (1995) A procedure for increasing the precision ofotolith age determination of tropical fish by differentiating biannual recruitment. In: Recent Developments in Fish Otolith Research, eds. Secor D.H., Dean J.M., Campana S.E., University of South Carolina Press, Columbia, pp. 247-269.

（32）片山知史, 梨田一也（2010）ニギス耳石の年輪構造. 黒潮の資源海洋研究, 11, 85-88.

（33）田永軍, 清水誠（1997）トリガイの貝殻における成長線パターンと年齢査定. 日本水産学会誌, 63, 585-593.

（34）半澤浩美, 杉原奈央子, 山崎幸夫, 白井厚太朗（2017）茨城県鹿島灘産チョウセンハマグリの年齢形質と年齢推定法. 日本水産学会誌, 83, 191-198.

（35）Sugiura D., Katayama S., Sasa S., Sasaki K. (2014) Age and growth of the ark shell *Scapharca broughtonii* (Bivalvia, Arcidae) in Japanese waters. J. Shellfish Res., 33, 315-324.

（36）Katayama S., Hong Z., Yamamoto M., Miyagawa T., Sugiura D. (2020) Age and growth of the horse clam *Tresus keenae* in Seto Inlanda Sea and Ise Bay, western Japan. Journal of Shellfish Research, 39, 313-320.

4章

（1）Pannella G. (1971) Fish otoliths: daily growth layers and periodical patterns. Science, 173, 1124-1127.

（2） Okada M., Mimura T. (1941) Zur physiologie und pharmakologie der hartegewebe. VII. Uber den zeitlichen verlauf der schwangerschaft und entbindung geseher vonder streifenfigur im dentin des mutterlisches kaninchens. Proc. Jap. Pharm. Soc. 15th Mtg., Jpn. J. Med. Sci. IV. Pharmacology, 14, 7-10.

（3） Rosenberg G.D., Simmons D.J. (1980) Rhythmic dentinogenesis in the rabbit incisors: Circadian, ultradian, and infradian periods. Calcified Tissue International, 32, 29-44.

（4） 高須賀明典（2010）小型浮魚類の繁殖特性の変異下における仔魚の成長・生残過程. 水産海洋研究, 74（特集号）, 51-57.

（5） 浜田啓吉（1980）ワカサギ—弱いものは強い.「日本の淡水生物－侵略と攪乱の生態学」（川合禎次・川那部浩哉・水野信彦編）, 東海大学出版会, 東京, pp. 49-55.

（6） Katayama S., Omori M., Radtke R.L. (1998) Analyses of growth processes of pond smelt, *Hypomesus nipponensis*, population in Lake Ogawara, Japan, through the use of daily otolith increments. Env. Biol. Fishes, 52, 313-319.

（7） Xie S., Watanabe Y., Saruwatari T., Masuda R., Yamashita Y., Sassa C., Konishi Y. (2005) Growth and morphological development of sagittal otoliths of larval and early juvenile *Trachurus japonicus*. J. Fish Biol., 66, 1704-1719.

（8） Tsuji S., Aoyama T. (1984) Daily growth increment in otoliths of Japanese anchovy larvae, *Engraulis japonica*. Fish. Sci., 50, 1105-1108.

5章

（1） Campana S.E. (1999) Chemistry and composition of fish otoliths: pathways, mechanisms and applications. Mar. Ecol. Prog. Ser., 188, 263-297.

（2） Campana S.E. (2005) Otolith elemental composition as a natural marker of fish stocks. In: Stock Identification Methods Applications in Fishery Science, eds. Cadrin S.X., Friedland K.D., Waldman J.R., Elsevier Academic Press, Burlington, MA, pp. 227-245.

（3） Radtke R.L. (1989) Larval fish age, growth and body shrinkage: information available from otoliths. Can. J. Fish. Aquat. Sci., 46, 1884-1894.

（4） Radtke R.L., Shafer D.J. (1992) Environmental sensitivity of fish otolith microchemistry. Aust. J. Freshwater Res., 43: 935-951.

（5） 不破敬一郎（1981）生体と重金属, 講談社, 東京, pp. 203.

（6） Secor D.H., Rooter J.R.（2000）Is otolith strontium a useful scalar of life cycles in estuarine fishes? Fish. Res., 46, 359-371.

（7） 麦谷泰雄（1996）硬骨魚類の耳石形成と履歴情報解析.「海洋生物の石灰化と硬組織」（和田浩爾, 小林巖雄編著）. 東海大学出版会, 東京, pp. 285-297.

（8） Mugiya Y., Tanaka S. (1992) Otolith development, increment formation, and an uncoupling of otolith to somatic growth rate in larval and juvenile goldfish. Nippon Suisan Gakkaishi, 58, 845-851.

（9） Yamashita Y., Otake T., Yamada H. (2000) Relative contributions from exposed inshore and estuarine nursery grounds to the recruitment of stone flounder estimated using otolith Sr:Ca ratios. Fish. Oceanogr., 9, 328-342.

（10） Plaza P., Katayama S., Kimura K., Omori M. (2004) Classification of juvenile black rockfish, *Sebastes inermis*, into Zostera and Sargassum beds using the macrostructure and chemistry of otoliths. Mar. Biol., 145, 1243-1255.

（11） Kasai A., Fuji T., Suzuki K.W., Yamashita Y. (2018) Partial migration of juvenile temperate seabass *Lateolabrax japonicus*: a versatile survival strategy. Fish. Sci., 84, 153-162.

（12） Katayama S., Radtke R.L., Omori M., Shafer D. (2000) Coexistence of anadromous and resident alternative life history styles of pond smelt, *Hypomesus nipponensis*, in Lake Ogawara, as determined by analyses of otolith structure and strontium:calcium ratios. Env. Biol. Fishes, 58, 195-201.

（13） Katayama S., Saruwatari T., Kimura K., Yamaguchi M., Sasaki T., Torao M., Fujioka T., Okada N. (2007) Variation in migration patterns of pond smelt, *Hypomesus nipponensis*, in Japan determined by otolith microchemical analysis. Bull. Jpn. Soc. Fish. Oceanogr., 71, 175-182.

（14） 片山知史, 榊 昌文, 鶴ヶ崎昭彦, 沼辺啓市（2008）耳石微量成分分析から推定された青森県小川原湖におけるシラウオの遡河回遊群. 水産増殖, 56, 121-126.

（15） 草加耕司, 甲田和也, 山本雅樹, 岩本俊樹, 弘奥正憲, 竹本浩之, 片山知史, 海野徹也（2020）耳石Sr:Ca比による岡山県吉井川および高梁川産シラウオの回遊履歴の推定. 日本水産学会誌, 86, 76-82.

（16） Limburg K.E., Walther B.D., Lu Z., Jackman G., Mohan J., Walther Y., Nissling A., Weber P.K., Schmitt A.K. (2015) In search of the dead zone: Use of otoliths for tracking fish exposure to hypoxia. Journal of Marine Systems, 141, 167-178

（17） Høie H., Otterlei E., Folkvord A. (2004) Temperature-dependent fractionation of stable oxygen isotopes in otoliths of juvenile cod (*Gadus morhua* L.). ICES J. Mar. Sci., 61, 243-251.

（18） Dorval E., Piner K., Robertson L., Ress S.C., Javor B., Vetter R. (2011) Temperature record in the oxygen stable isotopes of Pacific sardine otoliths: Experimental vs. wild stocks from the Southern California Bight. J. Exp. Mar. Biol. Ecol., 397, 136-143.

（19） Amano Y., Shiao J.C., Ishimura T., Yokouchi K., Shirai K. (2015) Otolith geochemical analysis for stock discrimination and migratory ecology of tunas. In: Biology and Ecology of Bluefin Tuna. CRC Press, Boca Raton, FL, pp. 225-257.

（20） Kubota K., Yokoyama Y., Kawakubo Y., Seki A., Sakai S., Ajithprasad P., Maemoku H., Osada T., Bhattacharya S.K. (2015) Migration history of an ariid Indian catfish reconstructed by otolith Sr/Ca and $\delta^{18}O$ micro-analysis. Geochem. J., 49, 469-480.

（21） Oba T. (1988) Paleoceanographic information obtained by the isotopic measurement of individual foraminiferal specimens. In: Proceedings of the First International Conference on Asian Marine Geology. China Ocean Press, Beijing, 169-180.

（22） Yamamoto M., Tanaka N., Tsunogai S. (2001) Okhotsk Sea intermediate water formation deduced from oxygen isotope systematics. J. Geophys. Res., 106, 31075-31084.

（23） Kim S., O'Neil J.R., HIllaire-Marel C., Mucci A. (2007) Oxygen isotope fractionation between synthetic aragonite and water: Influence of temperature and Mg^{2+}concentration. Geochim. Cosmochim Acta., 71, 4704-4715.

（24） Pontual H., Geffen A.J. (2002) Otolith microchemistry. In: Manual of Fish Sclerochronology, eds. Panfili J., Pontual H., Troadec H., Wright P.J., IRD Editions, Paris, pp. 245-301

（25） 片山知史（2011）耳石酸素安定同位体比を用いた環境履歴推定. 東北底魚研究, 31, 103-104.

（26）Kalish J.M., Johnston J.M., Smith D.C., Morison A.K., Robertson S.G. (1997) Use of the bomb radiocarbon chronometer for age validation in the blue grenadier *Macruronus novaezelandiae*. Mar. Biol., 128, 57-563.

（27）Fenton G.E., Short S.A., Ritz D.A. (1991) Age determination of orange roughy, *Hoplostethus atlanticus* (Pisces: Trachichthyidae) using [210] Pb: [226] Ra disequilibria. Mar. Biol., 109, 197-202.

用語説明

アラゴナイト（aragonite）：炭酸塩鉱物の一種で，霰石（あられ石）のことである．炭酸カルシウムは，分子が形成する結晶構造によって，カルサイト（calcite 三方晶，方解石），アラゴナイト（斜方晶），バテライト・ファーテライト（vaterite 六方晶）の３種に分けられる．この中で最も硬度が高いのがアラゴナイトである．

　生体物質としては耳石の扁平石，礫石のほか，サンゴの骨格がアラゴナイトである．貝殻内側に形成される真珠層もアラゴナイトの板状結晶によるものである．ホタテガイの貝殻はカルサイトであるが，貝柱が付着する部分だけはアラゴナイトである．貝殻は，アラゴナイトとカルサイトの双方が各々の部位を形成しているパターンが多い．ちなみに，ウニの殻や棘，植物プランクトンの円石藻や原生生物の有孔虫の殻はカルサイトである．バテライトは，鉱物にはほとんどみられない結晶であるが，魚類の耳石のうち最も小さい（コイ科を除く）星状石がバテライト結晶とされる．

ALC（アリザリンコンプレクソン，alizarin complexone）：フッ素の比色定量等で染色に用いられる試薬．ALCや抗生物質のテトラサイクリン（tetracycline，OTC）は，魚類の内部標識に用いられる．魚の種苗等をALCを溶かした飼育水中に数時間〜半日入れることで，耳石や硬組織にALCを沈着させることができる．その後，長期飼育や放流後に回収して，耳石や鱗を得る．蛍光顕微鏡下でその色素を観察することで，標識魚を判別することができる．生細胞染色用色素のフルオレセイン（fluorescein，FC），カルセイン（calcein，CAL）も用いられることがある．

異体類（flatfishes）：カレイ目魚類（Pleuronectiformes）のことで，体が非常に側扁し左右不相称，両眼が体の片側にある．カレイ類，ウシノシタ（シタ

ビラメ）類，ヒラメ類が含まれる．海底に依存した底生生活を送るが，長い
距離の回遊を行ったり，浮魚を捕食したり，遊泳力に長けた魚種も少なくな
い．仔魚期には一般的な魚と同じく体の片側に1つずつ眼がついており，外
部形態は左右対称である．浮遊生活を送るが，変態に伴って底生生活に移行
する．しかし，魚体の発達，成長に伴って頭蓋骨がねじれて眼が移動し，無
眼側が海底に付くようになり，体型と生活型が大きく変化する．

ウェーバー器官（Weberian apparatus）：内耳の小嚢と鰾の内壁に連結する一
連の4つの骨で，頭部側から結骨，アブミ骨，キヌタ骨，ツチ骨という．
ウェーバー器官を有する魚種のグループを骨鰾類とよび，ネズミギス目（サ
バヒーなど），コイ目，カラシン目（南米・アフリカに分布する淡水魚），ナ
マズ目，デンキウナギ目が属している．

鰾（swim（gas）bladder）：魚類の消化管と背骨の間に位置し，主に浮力調節
を司る器官である．一部の魚類では，聴覚補助，水圧受容，発音および呼吸
の機能を有する．軟骨魚類（サメ，エイ類）や一部の底魚（ヒラメ・カレイ
類，アイナメ，ホッケ，マゴチなど）は鰾をもたない．鰾は消化管から分岐
した器官で，ニシン科，コイ科，サケ目，ウナギ目魚類などでは，鰾と消化
管は気道で連結している（有気管鰾）．スズキ類やタラ類などでは，発生の
初期に気道が消失して，血管を通して気体の増減を行う．

　四肢動物の肺は鰾が変化した器官であると推測されがちであるが，原始器
官の気嚢から別々に分化した相同器官である．魚類の鰾に連結する気道は消
化管の背面に開くが，肺は消化管の腹面に開く気管でつながる．魚類の中で，
ハイギョは呼吸機能を有する鰾をもつ．ハイギョやシーラカンスが属する肉
鰭類（柄のある鰭をもつ）から両生類が進化した．なお，シーラカンスの鰾
には脂肪が詰まっているという．

　鰾は，特に中華料理，タイ料理の高級食材である．油で揚げてあんかけに
したり，スープに入れたりする．ニベ科魚類（オオニベなど）の鰾は，日本
から中国への輸出産品でもある．コイ・フナ類やホウボウの仲間の鰾も用い

られる.

エッチング処理（etching）：薬品による腐食作用を利用して金属を溶解加工する技術である．SEM（走査電子顕微鏡）観察においては，試料の断面，組成の違い，結晶方位の違いなどによる腐食速度の違いを利用して，試料の組織を浮き出させる非常に有用な技術である．光学顕微鏡においても，耳石の年輪を見やすくしたり，日周輪にコントラストを与えることができる．

殻頂（umbo）：殻をもつ軟体動物の殻（殻片）の背側上端であり，成長の出発点である．殻頂の先端部は特に beak（くちばし）ともよばれるが，同じ軟体動物のイカ，タコ類の顎歯も beak である．二枚貝の殻は殻頂部分で，交歯とよばれる凹凸構造によってかみ合わさる．したがって，多くの貝殻は左右相同ではない．ハマグリなどの貝殻を使った昔からの「貝合わせ」という遊びは，交歯の大きさや形状が個体によって異なるため，他の個体間の貝殻とは決してかみ合わないという特性を利用したものである．

Ca^{2+}-ATPase：Ca チャネルはイオンの濃度勾配に従った ATP を必要としない輸送（受動輸送）であるのに対して，Ca ポンプは濃度勾配に逆らった輸送（能動輸送）を実現する膜タンパク質である．Ca^{2+}-ATPase は，ATP を加水分解し，そのエネルギーで Ca ポンプの能動輸送を駆動させる．Ca^{2+}-ATPase は，筋肉の収縮・弛緩に中心的な役割を果たしている．

棘（spine）：魚の鰭は主に，外骨格の鰭条（fin ray）と，鰭条の間を連結する膜状の鰭膜，鰭条と対をなし鰭の動きを担う内骨格の担鰭骨（radial）から構成される．また鰭条には，①棘状で硬い棘（棘条）と，②柔軟で分節のある鰭条が癒合した状態で，多くの場合先端は癒合せずに分節している軟条（soft ray）がある．それらの数は種固有であり，計数形質として種の同定に用いられる．進化系統的に古い魚種には棘がない．軟条はコラーゲン繊維束であるが，棘は骨化が進んでおり一部の魚種では年輪が形成される．

魚類（広義）（pisces）：狭義の魚類は硬骨魚類（Osteichthyes，真骨類とチョウザメ，ガー，シーラカンス等を含む）．広義の魚類は，硬骨魚類に軟骨魚類（サメ類，エイ類，ギンザメ類）と無顎類（円口類：ヌタウナギ，ヤツメウナギ）を含める．種名にウオが付くが，ナメクジウオは頭索動物であり魚類ではない．

Critical period：ノルウェー水産研究所の初代所長の Johan Hjort（ヨルト）が1914年に発表した Fluctuations in the great fisheries of Northern Europe という論文で，critical period 仮説が提唱され，その後の水産資源の加入量決定機構研究の基本的な考え方となった．前期仔魚が卵嚢を吸収し終え後期仔魚になり外部栄養になる段階での飢餓が，加入量および年級豊度を決定するというもので，魚類の初期生活における食物環境条件が大量減耗を左右することを示したものである．

骨粗鬆症：骨は，骨芽細胞が血液中のカルシウムを取り込み，破骨細胞が骨を溶かしてカルシウムを血液中に放出する．骨はたえず補修され，作り変えられているが，ホルモンの不調やストレス等で骨芽細胞と破骨細胞の活動性のバランスが崩れたり，カルシウムの摂取が足りないと骨密度が減少して骨粗鬆症となる．ヒトでは高齢の女性に多く，骨がもろくなり，骨折しやすくなる．

再生鱗（regenerated scale）：鱗は，コラーゲン繊維，有機物質からなる骨基質，リン酸カルシウム結晶で構成されるが，鱗の上面にある骨芽細胞から骨基質が分泌されて隆起線が形成される．その隆起線の間隔が変化したり，不連続になることが，生活年周期に沿って生じるため，一部の魚種では年齢査定が可能となる．しかし鱗を用いた年齢査定が可能な魚種でも，鱗が剥がれやすいニシン目のマイワシ等では，捕食者（魚食性魚類や海鳥など）に襲われた時に鱗が剥がれる．その後，再生した鱗を再生鱗とよぶ．再生鱗を用いて年齢査定すると年齢を過少評価してしまうので，注意が必要である．

三半規管（semicircular canals, labyrinth）：脊椎動物には，内耳に3つの半規管が連結して存在する．それぞれがおよそ90度の角度で傾いており，三次元的な運動・加速度を感知することができる．ヒトでは，三半規管内の耳石（平衡砂）が正常な位置からずれたりすると，めまい症の原因となる．

受容体依存性の Ca チャネル（receptor dependent calcium channel）：カルシウム（Ca）チャネルは，カルシウムイオンを選択的に透過するイオンチャネル（細胞に存在するタンパク質で，刺激に応じて開閉しイオンが通過する小孔を形成する）である．Ca^{2+} 流入には，膜内外の電位差を感知して開閉する電位依存型チャネルと，ホルモン・神経伝達物質受容体により活性化され開口する受容体作動性 Ca チャネルがある．

小卵多産（small egg/high fecundity）：生物の生活史パターンを整理するために，生存曲線（縦軸は対数目盛で生存個体数，横軸は相対年齢）を描くと凸型のI型，直線型のII型，凹型（下に凸）のIII型の3つのタイプに分けられる．

I型：死亡率が一生の初めと中頃に低いが，終盤に高い．ヒトや大型哺乳類など，産仔数が少ないが，大型の子を産む．植物でも大きな種を作るヤシがこのタイプである．

II型：一生を通じて死亡率が一定．両生類，爬虫類や，一年生の植物など．

III型：死亡率は，生活史初期に極めて高い．小卵多産の再生産様式であり，魚類が典型である．植物では，多数の微小な種子を作るケシがこのタイプである．

魚類は，1 mm 程度の卵を数十万産むので，小卵多産を代表する生物である．浮遊性の卵を産みっ放し，その中からわずかでも生き残ればよいという生活史戦略である．ただし，卵を石等に産み付けて親魚が保護する，もしくは石や藻に産み付けてその基質に守ってもらう場合は，数ミリという比較的大型の卵を少数産む再生産様式である．とはいえ，生物全体からみたら魚類は小卵多産が生活史の特徴であり，資源変動も親子関係より環境の影響を大

きく受ける.

成育場（nursery ground）：魚類が生活史の各局面で利用する場を，産卵場，索餌場，越冬場などとよぶが，卵期，仔魚期を経て，外部栄養に依存する稚魚期，加入までの幼魚期の生息の場を成育場という．成育場としては，砂浜浅海域，干潟，河口汽水域，岩礁域，岩礁性藻場（ガラモ場），内湾性藻場（アマモ場），干潟およびサンゴ礁，塩湿地，マングローブ林が重要な「場」である.

　なお，生育場も間違いではないが，魚類の場合，成育場の方が一般的である．植物の場合「生長」がよく用いられるが，動物は「成長」の方が汎用的である.

SEM：走査電子顕微鏡（scanning electron microscopy（microscope））．通常の顕微鏡は，可視光線を用いる光学顕微鏡（生物顕微鏡，実体顕微鏡，蛍光顕微鏡，レーザー顕微鏡など）である．しかし分解能（2つの点を区別できる最小距離）は，可視光線の波長に制限されるため，最大でも 0.2 μm である（肉眼では 0.1 mm とされる）．電子顕微鏡は，光に比べて波長が短い電子線を用いることで，分解能は 0.2 nm に達する．また，焦点深度が非常に深い立体的な形態観察が可能である．ただし，電子線を照射するため，真空状態を作り出す必要があり，水分を有する生きた組織は観察できない．試料に電子線をあてて，それを透過してきた電子を拡大して観察する透過電子顕微鏡（TEM）もあるが，硬組織の観察には，電子線で試料表面を走査し，その時試料から出てくる二次電子等を検出してモニターで拡大像を表示する走査電子顕微鏡が用いられる.

弾帯受（chondrophore）：二枚貝の左右の殻は背側で弾力性のある靭帯（じんたい）で連結され，殻頂に近いところで蝶番（ちょうつがい）によってかみ合わさっている．靭帯は殻の殻頂の外側にある外靭帯と殻頂の内側にある内靭帯からなる．内靭帯は靭帯受に付着し，靭帯受が突出している場合は弾帯受とよばれる.

中深層性魚類（mesopelagic fishes）：主に外洋域では，中深層（水深200〜1000 m）に，小型イカ類や大型オキアミ類，遊泳性エビ類などとともにハダカイワシ科，ヨコエソ科，ムネエソ科，ワニトカゲギス科などの多様な中深層性魚類が分布している．これらはマイクロネクトン（小型遊泳動物）とよばれ，外洋生態系内で大きなバイオマスを有し，捕食者として食物生物として，重要な役割を果たしている．小型魚類が多く，あまり流通しないが，脂質が多く美味しい魚種も多い．

聴斑（macula）：耳石が微細な平衡砂の場合は，平衡斑ともいう．前庭神経の終末器官である．内耳の三半規管にある3つの嚢の中で，耳石もしくは平衡砂（を包むコロイド）を支える組織．内部には，有毛細胞が並んでいる感覚上皮がある．

通し回遊魚（diadromous fish）：回遊魚とは，生活史の中で生息場所を変えて移動する魚種を指す．淡水域だけ，もしくは海水域だけを回遊する魚種を各々，河川回遊魚（potadromous fish），海洋回遊魚（oceanodromous fish）という．これに対して，川と海の間を往き来する魚を通し回遊魚という．淡水域と海水域という塩分が大きく異なる場を往来する魚類は，生存可能な塩分の範囲が広い広塩性魚類である．サケ・マス類のように河川で孵化し，その後生活史の大部分を海で送り，川に遡上して産卵する魚種を遡河（そか，さっか）回遊魚（anadromous fish），逆にウナギのように，海洋域で孵化，産卵するが，生活史の多くを河川で生活する魚種を降海回遊魚（catadromous fish）という．アユは，河川で孵化，産卵するが，短いものの沿岸海洋域でも生活するため両側回遊魚（amphidromous fish）とよばれる．

トレードオフ（trade-off, trade-offs）：現在では社会学・経済学でも汎用される言葉であるが，一方を増やせば他方が減ってしまう関係，何かを得ると別の何かを失う関係（一得一失）のことである．生物においては，動物・植物を問わず，成長，繁殖，形質，行動にトレードオフ関係が見出される．特に

生活史特性の成長と繁殖，早熟と晩熟，卵サイズと卵数，回遊と定住は，代表的なトレードオフである．トレードオフのどちらになるかは，最も高い適応度（生涯繁殖成功度）をもたらす生活史，すなわち最適生活史になるように選択されていく．

内部標識技術（calcified structure marking method）：日本の水生生物の種苗生産技術は世界一である．国の研究所のみならず，すべての都道府県に種苗生産を行う栽培センターがあり，魚類だけでも全国で約40種の種苗が作られ約7000万尾が放流されている．それらの一部は養殖に用いられるが，多くは海域に放流される．これを栽培漁業（つくり育てる漁業）とよぶ．しかし，生態系の中では，放せば増えるわけではない．放流した個体が資源に加入し漁獲物に反映されているかどうか，放流個体を追跡したり漁獲物の中から放流個体を見つけることで放流効果を評価する必要がある．種苗の識別には，種苗独特の形質（マダイの鼻孔隔壁欠損，ヒラメの体色異常）を用いるか，もしくは人為的に標識を付けなければならない．標識には，①プラスチックや金属のタグを魚体に打ち込んだり貝殻に付けたりする，②鰭の一部を抜去する，③酸や熱でやけど跡を付けるといった外部標識技術と，耳石や鱗に染料を沈着させる内部標識技術がある．ALCやテトラサイクリンを溶かした飼育水に種苗を一定時間入れることで，耳石が染まる．再吸収されないので，漁獲物から種苗を検出することが可能である．

内リンパ液（endolymph）：三半規管内には，聴斑が入り内リンパ液で満たされている内リンパ腔とそれに接する外リンパ液で満たされている外リンパ腔が配置されている．耳石は内リンパ中にあり，内リンパ液のカルシウムイオン濃度，pH，有機物質量等によってその形成量や性状が変化する．

バーコードを付けて放流する手法（thermal marking to create bar codes）：内部標識技術の項目では，染料を用いて耳石に標識を付ける方法を紹介した．サケにおいては，染料ではなく飼育水温を変化させることでバーコード様の

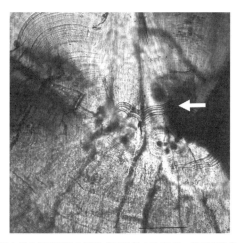

図 サケの耳石における温度標識の写真（2018 年 4 月 21 日，宮城県沿岸，全長 132 mm）
矢印の部分に 5 本のバーコードが観察される．

マークを耳石に付けている（**図**）．これは，水温を下げると耳石に黒いリン
グが形成されることを利用したものである．このリングは 1 日 1 本形成され
る日周輪とは異なり，ストレス等によってカルシウムとタンパク質のバラン
スに変化が生じ，太い暗帯が形成されることを応用した標識技術である．現
在では，国別に，孵化場や河川ごとのバーコード標識が付けられたうえで放
流されている．

Pargo mancha（*Lutjanus guttatus*）：フエダイ科フエダイ属の魚種．沿岸性
で最大 80 cm になる．フエダイの仲間は世界中の熱帯亜熱帯の水域に生息す
る．属名 *Lutjanus* はマレー地方でフエダイ類の魚を「Ikan Lutjang」とよぶ
ことに由来する．フエダイという和名は，口が前方に出ていて口笛を吹いて
いるように見えるからである．一方，フエダイの英語呼称はスナッパー．
snapper は，口うるさい人，がみがみいう人という意味だが，口の形状から
命名されたのか．

PNR（point of no return）：英国の魚類学者の J. H. S. Blaxter（と G. Hempel）が 1963 年に発表した The influence of egg size on herring larvae という論文で，ニシン仔稚魚の飼育実験から飢餓の結果，その後摂食ができたとしても回復できないことから，その irreversible starvation（不可逆的な飢餓）が生じる段階を point of no return と定義した．開口後の first feeding（初めての摂食）までの絶食期間が長期化すると，その後の摂餌率や生残率は低く，回復しない．飢餓による初期減耗のメカニズムを提示した．

皮質骨（cortical bone，compact bone）：両生類以上の脊椎動物の骨格を構成する骨は，緻密な皮質骨（骨基質）が表面を取り囲み，内部は網目状の海綿骨（骨梁）とその隙間を満たす骨髄からなる．皮質骨の骨組織は，コラーゲン分泌とリン酸カルシウム結晶の沈着を行う骨芽細胞に加え，骨の再吸収を行う破骨細胞，骨基質の中に埋め込まれている骨細胞が存在する．吸収，形成，石灰化が常に行われており，毎日全体の数%が入れ替わっている．カルシウムイオンは全身の細胞に対する重要な細胞内情報伝達物質の一つであり，骨は全身にカルシウムを供給する臓器ともいえる．

平衡砂（statoconium）：5 マイクロメートル程度の小さな炭酸カルシウム結晶であり，砂状の耳石である．有毛細胞が並んでいる感覚上皮に，平衡砂を表面に有するゼラチン様の耳石膜があり，感覚毛を包んでいる．ヒトの他にも，このような構造をもつ脊椎動物は多い．

平衡石（statolith）：本書は，魚類の耳石を扱ったものであるが，平衡器官は魚類や他の脊椎動物のみならず，すべての動物に重要な器官である．原生動物の繊毛虫，環形動物のミミズ，ゴカイにも存在する[*1]．棘皮動物ではヒトデ，ウニにはないがナマコにはある．刺胞動物の鉢クラゲ類では，傘の縁に多数分布する平衡胞に複数の平衡石が含まれている．軟体動物の多くは幼生の時

[*1]　七里公毅（1987）平衡石の成長と観察, 鉱物学雑誌, 18, 173-189

期のみ有するが，成体でも保持しているのは，イカ，タコ類と一部の巻貝である．節足動物のうち，軟甲類のエビ，カニ，アミ類に平衡石があるが，昆虫類にはない．テナガエビ属は第 1 触角内，アミ目は尾肢内に存在する．なお，脊椎動物の耳石，平衡砂は炭酸カルシウムであるが，無脊椎動物の場合は，フッ素カルシウム，シュウ酸カルシウム，リン酸カルシウムの結晶である．

また，甲殻類には胃内に胃石があることがあるが，これは炭酸カルシウム結晶ではなく，有機質に富む非晶質炭酸カルシウムである．

White perch（*Morone americana*）：北米大西洋側の沿岸域，汽水域，淡水域に生息する広塩性魚類である．最大 50 cm に達する．オンタリオ湖，エリー湖等に生息する暖水性．Perch というと一般に Percidae（ペルカ）科魚類を指すが，分類学のうえでは Moronidae（モロネ）科に属する．ペルカ科もモロネ科もスズキ目であるが，日本には生息しない分類群である．

Match-mismatch 仮説：英国の水産資源学者の D. H. Cushing が 1975 年に出版した *Marine Ecology and Fisheries* という著書で，魚類の生活史初期において，摂食開始期に好適な食物生物環境に遭遇するかどうか，すなわち食物となるプランクトンの出現との時間的な一致が魚類の初期生残・加入の規定要因であることを提示した．魚類資源が長期的に変動すること，そして加入量決定メカニズム研究には気候・気象海洋の視点が必要であることが示され，その後の水産海洋学，水産資源学に大きな指針を与えた．

有毛細胞（hair cell）：聴斑の内部にあり，刺激を受けた有毛細胞の興奮が前庭神経に伝わる[*2]．内リンパ液と耳石の比重差により直線加速度が加わると，有毛細胞の感覚毛が屈曲する．屈曲の方向とその効果には極性があり，有毛細胞および感覚毛の配列によって，個体は加速度の方向を認識することができる．

[*2] 脳科学辞典 http://bsd.neuroinf.jp/wiki/

索　引

＊太字は用語解説

片山 知史（かたやま さとし）

東北大学農学研究科 水産資源生態学分野 教授
1966 年東京生まれ，東北大学農学部卒 同助手，水研セ
ンター中央水研・主任研究員，室長を経て，2011 年 4
月より現職．
専門：沿岸資源学──沿岸資源生物の生態および生息環
　　　境の特性を明らかにしながら，資源が変動するメ
　　　カニズムの解明と資源管理理論の構築に取り組ん
　　　でいる．東日本大震災後は，積極的に被災地の水
　　　産業・漁村の課題にも携わっている．
著書：『地球温暖化とさかな』（分担執筆，成山堂書店），
　　　『魚と放射能汚染』（単著，芽ばえ社），『漁業科学
　　　とレジームシフト』（編著，東北大学出版会）など．

耳石が語る魚の生い立ち（じせき かた さかな お た）
―雄弁な小骨の生態学（ゆうべん こ ぼね せいたいがく）

2021 年 2 月 1 日　初版第 1 刷発行

定価はカバーに表示してあります

著　者　片山知史（かた やま さとし）
発行者　片岡一成
発行所　恒星社厚生閣
　〒160-0008　東京都新宿区四谷三栄町 3 番 14 号
　電話 03（3359）7371
　http://www.kouseisha.com/

印刷・製本　㈱ディグ

ISBN978-4-7699-1660-4
©Satoshi Katayama, 2021